多肉植物

生活中的小情调

魏星 编著

（可以感知温度的科学，可以带来触动的科学）

（可以丰富色彩的科学，可以生发探索的科学）

U0305124

北方妇女儿童出版社

目录

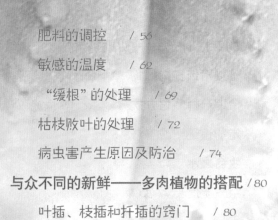

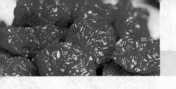

仿佛一夜间，多肉植物走进了人们的生活，它们拥簇在屋里的某个小角落浅唱低吟，在某个办公室窗台上的阳光中旋转舞蹈，在屋檐下滴滴答答的雨水里翘首盼望。它有着小巧可爱的造型，种类繁多的品种，肥嘟嘟的形状、美丽的色泽吸引了无数人的目光，无需太多光照，不用每天浇水，在漫不经心的打理下，也能茁壮成长。多肉植物给绿色渐渐消失而被灰色阴暗的大楼替代的城市带来了一丝生机，给快节奏生活中连一丝喘息的机会都没有的人带来了缓解疲劳的机会，给喜欢绿色有着无限爱心的人们带来了装点生活的乐趣。多肉植物的"萌"造型，给这个世界增添了一些绿意，给平凡的生活增添了一点情调，给疲惫的心灵增添了一丝温暖。

揭开神秘的面纱——多肉植物的世界

多肉植物（Succulent，其中的词根出自拉丁语succos，汁，液的意思），因此也叫多浆植物，又因为其部分品种可以开花，故也有多肉花卉的叫法，但通常说法都是多肉植物。多肉植物主要指那些进化出了特殊的贮水组织，拥有肥厚的叶片或膨大的茎干、硕大的块根的植物，它们大多生长在干旱或某一时段降水较少的地区，当根系无法从土壤中获得水分之时，可以依靠其多汁的肉质器官来贮藏水分维持生命。这个名词由瑞士植物学家琼·鲍汉在1619年首先提出。全世界共有多肉植物1万余种，在植物分类上隶属50至60多科（不同的分类方法差异）300多属。

对多肉植物的定义，有广义和狭义两种解释。广义的多肉植物是指所有具有肥厚肉质茎、叶或根的植物，包括了仙人掌科、番杏科的全部种类和其他50余科的部分种类，总数达万种以上。仙人掌亦可算是一种多肉植物，但由于其种类众多，有3000至5000种，因此大部分的书籍将之独立，例如"仙人掌与多肉植物"或"Cactus and Succulent"。相较于仙人掌科，其他的多肉植物并无"刺座"的组织，部分有硬刺的品种，如大戟科，多半是表皮特化的情形。

狭义的多肉植物或多肉花卉，不包括仙人掌科植物，而将仙人掌科植物专称为仙人掌类植物或仙人掌类花卉，简称为仙人掌类或掌类，之所以要分开是由于它们之间在习性上、栽培繁殖上有区别。目前国内外专家基本上都是分开叙述的。一般提到的多肉花卉或多肉植物是指狭义的定义。

常见栽培的多肉植物包括仙人掌科、番杏科、大戟科、景天科、百合科、萝藦科、龙舌兰科和菊科。而凤梨科、鸭跖草科、夹竹桃科、马齿苋科、葡萄科也有一些种类常见栽培。近年来，福桂花科、龙树科、葫芦科、桑科、辣木科和薯蓣科的多肉植物也有引进，但目前还很稀有。

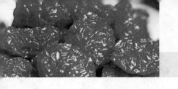

分类概要 〉

多肉植物是一个近万种的庞大家族。分布在除南极洲外的所有大陆，原产地地理环境复杂多变。形态上尽管都有发达的贮水器官而呈现出肥厚多汁的外形，但其多样性仍使人们惊叹不已。不仅如此，其生物学特性及细胞内含物等和一般植物也有一些差别。因此，为了更好地识别、栽培、利用它们，

除了我们经常注意的属于什么科、属这种分类外，有必要对它们作一个总的多元化的分类概要，使爱好者们更全面地认识这类植物。

植物进化系统：可分为裸子植物和被子植物。其中裸子植物1个科，被子植物中双子叶植物47个科、单子叶植物17个科。必须注意的是：科的数量按不同的植物分类系统有差别，特别是单子叶植物差别很大。因而同一种植物在不同的系统中可能属于不同的科。如我们熟悉的芦荟，一般都知道属于百合科，但也可能属于芦荟科或者是独尾草科。

贮水组织：按照贮水组织在多肉植物中的不同部位，可分为三大类型：1.叶多肉植物：叶高度肉质化，而茎的肉质化程度较低，部分种类的茎带一定程度的木质化，如芦荟、十二卷、生石花、长生草。2.茎多肉植物：多肉的茎秆内有大量的贮水细胞，表面是一层能进行光合作用的组织。叶片很少甚至干脆不长叶子，以防止因叶面蒸发而丧失水分，如大部分仙人掌科植物、大戟属的布纹球。3.茎秆状多肉植物：植物的肉质部

11

乔木

生草本。

生物依存关系：如一般陆生植物长在土壤中的自养植物，但生长过程中也依靠微生物，斑食用仙人掌的根部有固氮菌。附生植物依靠气根等器官附生在其他植物上，但生长所需不依靠其他植物。寄生植物生长所需基本依靠寄主植物，如桑寄生科。蚁生植物这类植物与蚂蚁有共生关系，植物通过变异产生膨大的茎、块根、叶柄和囊状叶给蚂蚁栖身，并分泌一些汁液供蚂蚁食用，蚂蚁在营巢和捕食时带来大量有机植物供植物吸收，同时蚂蚁还有传粉、传播种子和保护功能。作为观赏的肉质蚁生植物主要集中在茜草等7属和萝藦科属。食虫植物，狸藻科的捕虫堇属中有少数墨西哥原产的种类具肉质的莲座状叶盘。

用途：可分为花卉类，温室花卉和露地花卉两种；也可分为食用植物、药用植物和纤维植物。

分集中在茎基部，而且这一部位特别膨大。因种类不同而膨大的茎基形状不一，但以球状或近似球状为主，有时埋入地下，无节、无棱、无疣突。有叶或叶早落，叶直接从膨大茎基顶端或从突然变细的、几乎不带肉质的细长枝条上长出，有时这种细长枝也早落。以葫芦科和西番莲科为代表。

植株形态：可分为乔木、灌木（含藤本）、草本三种。其中草木包括一般多年生草本、宿根和球根（球根植物只包括地上芽植物类型）、藤本和一二年

12

贮水的叶 >

贮水组织主要在叶部。茎一般不肉质化，部分茎稍带木质化。按生境干旱程度的不同，叶的肉质化程度有所区别。不太干旱的地区原产的种类的叶较大、较薄。如番杏科的露草原产南非纳塔尔省，比起南非其他地区来那是个较湿润的地区。因此它的形状为蔓生的株形，具较大较薄的叶，形态和一般草花区别不大。随着环境趋向干旱，茎越来越缩短、叶质越来越厚。极度干旱地区分布的番杏科种类，整个植株只有一对或两对叶组成，茎已经全部消失，叶高度肉质化。

• 共同的旱生结构

由于科属的不同，尽管叶多肉植物的叶有共同的旱生结构——叶肥厚、表皮角质或被蜡被毛被白粉等，但叶的类型相当多。这种多样化的叶型是分类的重要依据。其中大多数是单叶，但也有不少是复叶。

番杏科

• 复叶的类型

复叶的类型有三出叶、掌状复叶、一回羽状复叶和两回羽状复叶。单叶的形状有线形、细圆柱形、匙形、椭圆形卵圆形、心形、剑形、舌形和菱形等。叶缘多为全缘，有的叶缘和叶尖有齿、毛或刺。少数种类叶顶端透明俗称窗。

一回羽状复叶

三出叶

掌状复叶

两回羽状复叶

• 排列方式

叶的排列方式有互生、对生、交互对生、轮生、簇生等。海拔较高地区原产的种类叶排列成莲座形，整个株形非常紧凑，是家庭栽培观赏的理想种类。高度肉质化的番杏科种类，整株常只有一对叶连合成球状、扁球状、陀螺状和元宝状等。由于其种类多、株形小巧，目前是中国多肉植物爱好者收集栽培的"热点"。

14

大戟科

• 茎多肉植物

　　大戟科、萝藦科、夹竹桃科的多肉植物，贮水部分在茎部，称为茎多肉植物。它们之中的很多种类的茎和仙人掌类相似，呈圆筒状或球状，有的有棱和疣突但没有刺座，尽管也有一些种类具刺。刺有皮刺、针刺和棘刺之分，少数种类刺很强，如福桂花科、龙树科和夹竹桃科的棒槌树属种类。

　　很多具粗壮肉质茎的种类通常不具叶，有的在幼嫩部分有细小的叶但常落。菊科的仙人掌在生长期有很多叶但休眠期枯萎脱落。而马齿苋科的马齿苋树和景天科的燕子掌既有粗壮的肉质茎又有肉质化的叶，而且这种叶始终存在。

萝藦科

肉状茎秆 〉

　　植株的肉质部分主要在茎基部，形成极其膨大的形状不一的块状体、球状体或瓶状体。无节、无棱，而有疣状突起。有叶或叶早落，多数叶直接从根颈处或从突然变细的几乎不肉质的

薯蓣科

细长枝条上长出。在极端干旱的季节，这种枝条和叶一起脱落，如薯蓣科著名的多肉种类龟甲龙和墨西哥龟甲龙就是这种类型，但也有一些种类，在膨大的茎秆上有近乎正常的分枝，茎秆通常较高，生长期分枝上有叶，干旱休眠期叶脱落但分枝存在。整体上看株形和

它们也应列入茎秆类多肉植物。但有些专家不承认，因此石蒜科的虎耳兰、百合科的绵枣儿属种类在算不算多肉植物上有争议。但有些鳞茎植物绝对没有争议，如百合的苍角殿、大苍角殿是多肉植物中的著名种类，也是爱好者梦寐以求的珍品。

一般乔木类似，只是主干较膨大，贮水较多。如木棉科的猴面包树、纺锤树，辣木科的象腿树，漆树科的象树，梧桐科的昆士兰瓶树，夹竹桃科的沙漠玫瑰在索科特拉岛的变种等。但是这些种类的扦插苗通常很难形成膨大的茎干。播种苗的情况略好一些，但在潮湿地带长大的株形无论如何也没有原产地那样典型。

很多草本植物具鳞茎，鳞茎是膨大的，半埋在地下或贴地生长。按照茎基膨大的原则

夹竹桃科

繁殖器官 >

• 花序

不管植株的形态和一般植物有多大区别，多肉植物繁殖器官的形态和一般同科同属的其他植物没有多大区别。除了番杏科、夹竹桃科和旋花科的种类外，大多数多肉植物的花不似仙人掌类那样艳丽，但形态上却更为多样化。

除了番杏科的种类是单生花外，其他各科基本上都以各种花序着生在植株上。花序有顶生也有腋生，有时同一科的同一属植物也有顶生和腋生的区别，如景天科伽蓝菜属即如此。单生的花相对较大，而集成花序的花通常较小。花序的种类很多，有头状花序（菊科）、穗状花

17

总状花序或圆锥花序

• 果实

果实的种类有浆果、蒴果、核果、蓇葖果和瘦果等。以萝藦科的蓇葖果最具特色，而百合科芦荟属的三角形蒴果很大，也很有趣。种子的大小和形状也因科属种类的不同而有很大差别。番杏科的种子非常细小，而凤梨科、大戟科的种子较大。菊科的种子犹如一根针，而芦荟属的种子有圆盘状的翅。相对而言，多肉植物采收种子比仙人掌类要困难一些，国外种子公司能提供的种子远不及仙人掌类那样多。

序（胡椒科）、总状花序或圆锥花序（龙舌兰科）、伞形花序（萝藦科）、杯状聚伞花序（大朝属）、两歧聚伞花序（麻风树属）等。夹竹桃科、苦苣苔科、萝藦科、脂麻科和旋花科的花有较长的花筒，花瓣有联合也有分离，花的大小和形状各不相同。具体内容将在分类部分介绍。

浆果

· 繁殖方式

多肉植物最常用的繁殖方法有播种、扦插、嫁接、分株等。

1. 播种：在多肉植物中，除少数种类能自花授粉之外，大多数属于虫媒花或鸟媒花，必须采用人工授粉的方法才能结果。多肉植物的种子寿命短，如光堂的种子寿命只有几个星期。一般多肉植物的种子在常温条件下贮藏1年发芽率即很快下降。为此，许多多肉植物待种子成熟后采下即播或贮藏于翌年春播。

2. 扦插：这是多肉植物最常用的繁殖方法，常见的有叶插、茎插和根插。叶插：常利用肥厚的叶片摆放在稍湿润的沙床或疏松的土面上，很快就会生根，在叶片的基部长出不定芽，形成小植株，如天章、石莲花、大叶落地生根等。茎插：在多肉植物的繁殖过程中，结合修剪整形，剪取枝条切段作插穗，如沙漠玫瑰、

沙漠玫瑰

紫龙角、虎刺梅、彩云阁等。在切段的伤口会流出白色乳汁的沙漠玫瑰、非洲霸王树、青峰等，必须处理干净，稍晾干后再行扦插，效果更好。根插：绿玉扇等名贵品种的根十分粗壮、发达，将比较成熟的肉质根切下，埋在沙床中，上部稍露出，保持一定的湿润和明亮光照，可以从根部顶端处萌发出新芽，形成完整的小植株。扦插繁殖具有生长快、开花早，保持原有的品种特性，由于其多浆不易枯萎的特点，不仅扦插成活容易，许多种还能用叶插繁殖。扦插时注意事项：最好以春节开始生长时扦插，从健康的植株或部位取材，消毒处理，

以免切口受感染，选择成熟的植株取材料，刚刚采下的不易立即扦插，应放在干燥通风，温暖和有散射光照射的地方，使伤口产生愈伤组织封闭后再插入基质中。扦插基质应选择通气良好，既保水又具有良好的排水性能的材料，如珍珠岩、蛭石等。扦插后应注意控制基质的湿度，少浇水或不浇水。

3. 嫁接：在多肉植物，嫁接常用来繁殖斑锦和缀化下品种。如霸王鞭作砧木，嫁接春峰；马齿苋树作砧木，嫁接雅乐之舞；非洲霸王树作砧木，嫁接非洲霸王树缀化；大花犀角作砧木，嫁接紫龙角等，观赏效果好。但是在嫁接过

程中，由于植物体内含有白色乳液，黏性大。由此，嫁接操作上要力求快速、熟练，才能取得成功。

4.分株：分株是繁殖多肉植物最简便、最安全的方法。只要具有莲座叶丛或群生状的多肉植物都可以通过它们的吸芽、走茎、鳞茎、块茎和小植株进行分株繁殖，可以在春季换盆时进行。当然，多肉植物中，具有斑锦的品种，如金边虎尾兰、王妃雷神锦、不夜城锦、绿玉扇锦等必须通过分枝繁殖才能保持其品种的纯正。

生理特点 〉

多肉植物在生理方面的特点表现在以下几个方面，总的来说也是干旱环境造成的。

金边虎尾兰

王妃雷神锦

· 蒸腾量

它们的形态和表皮的一些结构使它们的蒸腾量大大减少。它们的表皮有很厚的角质层，很多种类表皮被蜡被毛。气孔数远较其他植物少而且深埋在表皮凹陷的坑内。角质层扩散阻力很大，因此，这类植物失水明显比其他植物少。资料表明，一株玉米一天失水 3~4 升，而一株树木状的大仙人掌一天只失水 25 毫升。

- 黏液

　　很多种类体内有白色乳汁或无色的黏液，这是一种多糖物质。有的专家指出，它们的细胞内特别含有大量的五碳糖，提高了细胞液浓度，增强了抗逆性。同时这种黏液和乳汁在植物受伤时可使伤口迅速结膜，既防止了体内水分散失又避免了病菌感染。栽培中利用这一特点，可以将一些截面积很大的球形、柱形种切顶扦插。

- 渗透压

　　它们的渗透压不高，一般在 405. 3-2026. 5 千帕（4-20 大气压）之间，而超过 1215. 9 千帕（12 大气压）的只有仙人掌屑植物。这个数字远比在沙漠中存在的其他沙生植物低。因此在一些可溶性盐类很多的沙漠地区没有仙人掌类植物存在。这一点在栽培上很重要，施肥时决不能一次加入浓度很高的无机化肥，培养土中也不能混有过多的盐类物质，否则根部水分向外渗透而造成植株萎蔫。

• 代谢方式

　　仙人掌类和多肉植物在代谢方式上和一般植物有所不同。其特点是气孔白天关闭减少蒸腾，夜间开放吸收 CO_2，而且在一定范围内，气温越低，CO_2 吸收越多。吸收的 CO_2 通过羧化形成苹果酸存于大液泡内，白天苹果酸脱羧放出 CO_2 进行光合作用，在一定的范围内，温度越高，脱羧越快。由于这种方式是在景天科植物上首先发现的，故称为景天酸代谢途径。这也是对于旱环境的一种适应。栽培上利用这个特点，即在一定范围内尽可能加大温室的昼夜温差，在晚上提高室内 CO_2 浓度等，可使这类植物加快生长。所以说多肉植物是可以放置在卧房的植物。

 多肉植物小知识

1.多肉植物 2-3 年移植一次即可。为了保持娇小可爱的外观，可以不用换花器（不用换更大的），只需要整理一下根部就可以了。但重点是土必须要换新的，这样才能保证未来 2-3 年之内健康成长。

2.炎热的夏季，不可以用喷壶往叶面上直接喷水。因为喷在叶面上的水滴会像放大镜一样聚集热量，进而灼伤叶面。

3.叶插的时候，只需要把叶子放在土上，再放在半阴处就可以了，等发根后再浇水。另外用于叶插的叶子一定要从叶子和茎连接的根部拽下来，否则不会发根的。

4.枝插的时候，从母株上剪下的小

枝不要躺着放在土上。因为由于地球引力，芽的茎部一定会变弯曲，这样不利于再种植时的美观。正确的做法是把小枝竖直放在空的小玻璃瓶里，让它竖直发根，等发出根之后再移入土里。

5. 关于徒长，阳光不足造成的徒长，即便是重新开始日光浴也不可能回到原来的样子。唯一的解决办法就是留下底部4厘米左右，剩下的全部剪悼。不久就会从切口处长出新的小芽。而剪下来的部分，放在土上，长出根之后就可以扦插了。

6. 关于气根，"气根"是为了支撑植株本身的重量而生长出来的。科学的说法是，空气湿度较高而基质中的湿度较低时容易长出气根，通常会出现在5–6月。

7. 关于木质化，有些多肉呈现干瘪茶色的茎部，其实这是多肉的"木质化"现象，多会出现在向上生长的品种里。为了支撑不断成长的加重的上半身，植株必须加固加强自己茎部的承受能力，所以茎部就会慢慢变得像树干一样，这也是健康成长的有力证明。

8. 关于叶片表面的白粉状，有些多肉植物叶片会出现白粉状的东西，这些是多肉植物为了遮蔽原产地强烈的阳光而进化出的自我保护手段之一，所以尽量不要去破坏这些多肉植物的秘密武器。

9. 预测植株的生长方向（多用于组合盆栽），种植之前先预测一下它们将来的生长趋势，尽量留出空间。否则可能会出现随着多肉生长不断地打架的现象。

● 懒人的幸福时光——多肉植物的种植

多肉花卉中几乎没有附生类型的种类。它们原产地的气候都有一个共同特点，就是每年都有长短不一的旱季。为适应环境，几乎每一种多肉花卉一年都有休眠期。虽然它们都在旱季休眠，但对每一具体的属、种来说，旱季的具体时间和持续时间长短是不同的。因此，栽培这类花卉时可以发现，有些种类在冬季呈休眠状态，有些却在生长，甚至开花，到了夏季却休眠很长时间。我们应掌握这一点，在它们需要大量水分、养分时浇水、施肥，在休眠期不需要时不浇水不施肥；在该保持温度维持其生长时加温保温，该降温遮阴时免受阳光直晒，就不会导致栽培失败。所以掌握生长期是种好多肉花卉的关键。

千挑万选多肉植物 >

　　因为网络的力量让多肉植物越来越走俏，也越来越多的花友对多肉植物产生了兴趣。虽然大部分人购买多肉植物的途径是通过网购，但如果你经常上花市或者花店的话，那么购买多肉植物不妨注意以下几点挑选出自己心仪而健壮的植株。

　　1.由于多肉植物自身含水量高，又往往具有较强的保水能力，如植物表面具有角质或蜡质层，叶片特化为针刺状，以及一些抗旱的生理特性等等，因此不易失水，对水分的需求相对较少。

　　正因为如此，花商在贩运多肉植物过程中均带极少量的宿土或裸根不带土。挑选时最好选择带须根、根系不干枯的植株，以便买回栽植后在较短时间内发新根。

　　2.植株应色彩正常，花纹清晰，无病斑、虫斑、水渍状斑。多肉植物的虫害多为虫体较小的叶螨（红蜘蛛）和介壳虫，它们隐藏在植株的叶背面或枝丛间，以多肉植物的花纹、色斑为掩护，不易发现，所以挑选时要细心察看。

　　3.选择已栽入盆中的植株时，请注

意一下是否是新栽的。如果是出售前新栽的植株，则盆土松软，轻摇植株会有较大晃动。这样的植株并未发新根，购回家后须避免强光照射，控制水分，一般1至1个半月后才能逐步进行正常管理。据观察，目前市售的带盆植株中，这种类型者占较大比例。

差别较大的种类栽培在一起，就会对今后的养护带来不便。

5.多肉植物大多原产于热带、南亚热带地区，对环境温度变化较为敏感。虽然市场上一年四季都有多肉植物出售，但对于我国某些地区室内无供暖设备冬季室温较低的家庭，选购不耐寒的

4.市场上还常见出售一些由多个种类或品种配植在一个容器中的组合盆栽。在选购时不仅要注意植株组合的错落有致、疏密有间，是否新奇有趣，还要注意各种类之间生活习性是否相近，如果将对光照、水分、栽培基质等要求

多肉植物应避开11月至翌年3月的休眠期，否则如遇连续低温天气，植株很难成活。

6."多肉植物"在园艺上泛指仙人掌类植物以外的茎、叶等营养器官肥厚多汁的植物，其中包括被子植物中的景

天科、大戟科、番杏科、龙舌兰科、萝摩科、夹竹桃科、菊科、百合科、马齿苋科、凤梨科等许多类群。由于亲缘关系相差较远,种类繁多,也就注定在相似的背后还有许多不同之处,在选购和栽培过程中要根据自己的栽培条件因种而异,才能达到预期的效果。

多肉植物种植三要素

多肉植物虽然好种植，但还是应当注意以下三点。

1.介质：土壤疏松透气、排水良好，但有一定保水能力，呈中性或微酸性。适合多肉种植的介质很多，但是非常重要的一点就是要无菌，造成多肉死亡的直接原因往往是腐烂，植物的腐烂只有一个直接原因就是菌类感染。多肉在移栽过程中，如果介质本身就带有各种病菌，再加上后期的护理不当（譬如频繁地浇水）就很容易造成菌类的感染。因此在一开始的土壤选择上就应当选择无菌或者杀过菌的。杀菌的常见方式有两种，一种是用杀菌剂譬如多菌灵之类的。好的介质，好的开始。

2.浇水：浇水原则是见干见湿，就是土壤干透了的话，就浇透水。如果不好判断土壤是否干透，可以插个牙签在土里，平时要浇水了就看牙签的干湿程度就好了。见干见湿是花卉种植时的一个常用术语，意指浇水时一次浇透，然后等到土壤快干透时再浇第二次水，它的作用是防止浇水过多导致烂根和潮湿引起的病虫害。当然，也不需要这么严苛，只要不是过于频繁地浇水，一般都不会造成植株死亡。

3.多肉植物都很喜欢阳光，有一定的光照会长得更好。

多肉植物种植其实不难，只要粗养就行了！很多新手养死多肉植物都是因为太过于频繁地浇水了。

赤玉土

合理选择栽培介质 〉

• 赤玉土

　　对于家庭多肉植物栽培，最好的当然是模仿原生地的土质。总体来说，非洲当地以沙土质为主，其中沙和碎石的含量在 80% 左右，部分树荫和草丛中的土表覆盖有一层薄薄的腐殖质。土壤含水量极低，广袤地区下挖 1 米也不见一点湿气，但是在灌木覆盖的地区，30 厘米以下可见略微潮湿。从以上情况分析，原产地的土壤成分也就相当于粗沙＋腐叶＋碎石。应该说，这样的土对于广大多肉植物爱好者来说并不难获得，而欧美等地的爱好者也确实是在利用这样的介质种植多肉植物，效果也不错。但是对于家庭栽培来说，这样的配土显得太过厚重，对于在阳台或花架上大量栽培的爱好者来说，不是太合适。而且也略显粗糙，不符合大多数人的喜好。

　　所以，以日本人为代表的部分人群，开发了以赤玉、鹿沼等火山灰为主的栽培用土。以这两种为代表的配土材料，实属中规中矩，其成分在理论上能最大程度地满足植物对介质的要求。日本人使用赤玉土的历史有据可查的可以追溯到 20 年前，当年《樱桃小丸子》热播的时候，片中有一集小丸子她爷爷就在那里筛赤玉土，估计也算是那时候的植入式广告吧。

　　日本人除了多肉植物以外，在其他植物的栽培中也大量地应用赤玉土这种材料。并以产地不同开发出了适合不同用途的产品。日本是园艺大国，但是国土面积狭小，资源匮乏，充分利用自身多火山的条件也是个无奈之举。经过不断地开发研究，并

且系统化、市场化。日本的赤玉土形成了一套非常健全的产业链。赤玉土特点是低肥、微酸、透气、保水，以上4项几乎满足了大多数植物的生理需求，而对于多肉植物的生理特性来说，几乎已经做到了绝配。一般的初级玩家在利用赤玉土进行多肉植物栽培时，无需太多的指点，都能养得不错，所以赤玉土也可以称为"傻瓜用土"。它的特性使得多肉植物栽培的门槛大幅降低，再加上价格适中，所以赤玉土也可以说是促进多肉植物市场迅猛发展的重要因素。

　　当然，除了赤玉土，还有很多材料虽然功能不是很全面，但是某方面的特性大大超过中规中矩的赤玉土。

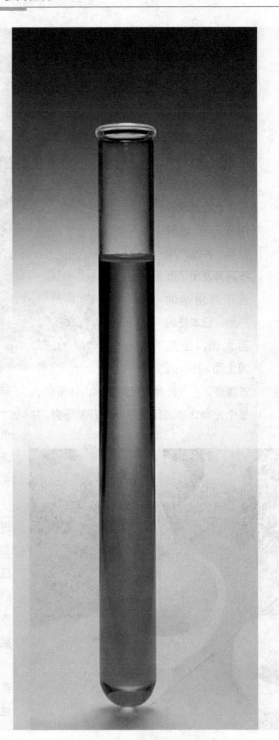

> EC值、pH值

1.EC值

EC值用来测量溶液中可溶性盐浓度的，也可以用来测量液体肥料或种植介质中的可溶性离子浓度。高浓度的可溶性盐类会使植物受到损伤或造成植株根系的死亡。EC值的单位用ms/cm或mmhos/cm表示，测量温度通常为25℃。正常的EC值范围在1~4mmhos/cm(或ms/cm)之间。基质中可溶性盐含量(EC值)过高，可能会形成反渗透压，将根系中的水分置换出来，使根尖变褐或者干枯。一般要求灌溉水EC值小于0.8ms/cm。

2. pH值

pH值氢离子浓度指数是指溶液中氢离子的总数和总物质的量的比。由于氢离子活度的数值往往很小，在应用上很不方便，所以就用pH值这一概念来作为水溶液酸性、碱性的判断指标。而且，氢离子活度的负对数值能够表示出酸性、碱性的变化幅度的数量级的大小，这样应用起来就十分方便，并由此得到：中性水溶液，pH=7；酸性水溶液，pH<7，pH值越小，表示酸性越强；碱性水溶液，pH>7，pH值越大，表示碱性越强。

pH值是水溶液最重要的理化参

数之一。凡涉及水溶液的自
然现象。化学变化以及生
产过程都与 pH 值有关，因
此，在工业、农业、医学、
环保和科研领域都需要测
量 pH 值。由 pH 的定义可
知，pH 是衡量溶液酸碱性
的尺度，在很多方面需要控
制溶液的酸碱，这些地方都
需要知道溶液的 pH 值：医
学：人体血液的 pH 值通常
在 7.35–7.45 之间，如果发
生波动，就是病理现象。唾

液的 pH 值也被用于判断病情。如夏季蚊虫
叮咬会分泌出甲酸（蚁酸），人感到痒，是因
为此时 pH 值低于 7 显酸性可采用肥皂水、牙
膏来增加 pH 值可以使人减轻痛痒感。化学
和化工：很多化学反应需要在特定的 pH 值

下进行,否则得不到所期望的产物。农业：
很多植物有喜酸性土壤或碱性土壤的习
性，如茶的种植。控制土壤的 pH 值可
以使种植的植物生长得更好。

• *泥炭*

泥炭是灌木和苔藓类植物的尸体经过千百年的腐烂堆积而成。由沼泽植物演化而来的属于低位泥炭，含水量大，腐化程度严重，腐殖质含量高，但EC值很高，pH值偏低，东北黑泥炭就是其中的代表。高原和局部平原地区苔藓地衣类植物演化而来的是高位泥炭，由于长期处于干燥环境，并且经常接受日晒雨淋，所以腐化程度较低，腐殖质含量少，但是EC值也很低，pH值略低。对于植物来说，腐化程度低，腐殖质高，EC值低，pH略呈酸性是最佳选择，所以以上两种泥炭从特性上来说各有千秋。但是综合来讲，栽培多肉植物还是用高位泥炭更加有利。

泥炭我们习惯将它作为配土中提供有机质的媒介，全颗粒介质中适当添加也可以起到疏松土质，加强土壤对肥水缓冲能力的作用，另外由于其纤维状的结构，所以可以营造适合植物根毛生长的微环境，对幼苗、弱苗的发根、复壮有特效。

塘基兰石

• 兰石

普遍认为的兰石应该是一种火山灰产物，也就是浮石、搓脚石一类高温发泡的矿石，不过也有人工合成的替代品，如塘基兰石、日向石等，由于性状都差不多，所以也不分开描述了，本文统称为兰石。

兰石由于相对土壤来说质地更坚硬，吸水后保水能力要弱得多，所以可以认为是一种疏水材料，其内部的气孔虽能短暂储水，但是由于还不能达到产生"毛细现象"的程度，所以脱水很快。但是其气孔能减小土壤密度，达到疏松土壤的效果，天然火山灰质地的兰石的

pH 应该呈酸性，但人工合成的呈弱碱性，所以在使用中要区别对待。

由于兰石相对土壤来说水饱和程度低，所以配土中添加兰石可以降低盆土的总体水饱和度，相对而言就增加了土壤中的含氧量。这并不是我们通常认为的"透气"，石头是不会呼吸的，所谓的透气，只是间接达到的效果而已。

兰石无肥，EC 值根据产地或来源不同有较大的差异，普遍认为人工合成的EC 值会略高，所以在实践中应该首先选用天然的材料。

• 树皮

可以用来作为园艺材料的树皮常见有两种，一种是松磷（就是松树皮外面的疙瘩），松磷价格较高，而且腐化程度很低，所以一般作为园艺覆盖的材料，不太适合用作栽培介质。其次是落叶类乔木的腐化树皮，这种树皮大多产自中原地区丘陵地带落叶林中的天然腐化堆积层，比较合适的腐化程度为3-5年，相比泥炭，其结构更加稳定，不容易被挤压变形导致土壤板结，并且树皮缓释有机质的能力更好，所以是一种相当不错的材料。

树皮唯一的缺点就是容易有杂质混入，由于大多是天然采收，所以里面难免有虫卵、草籽以及腐化不完全的其他有机质，这就很容易导致种植后盆内的生物体数量超标，通俗地讲，就是会有害虫和杂菌滋生。所以树皮在使用前需要进行筛选、暴晒或者高温处理，这也是在家庭环境中制约它使用的一大缺陷。

• 蛭石

蛭石是云母岩的高温膨化物，同原矿石相比，就好比是爆米花和大米的区别，蛭石的密度极低，内部空隙很大，一般在工业上用做保温材料。在园艺上用作疏松土壤，快速透水、储水并进行缓释的改良添加物。

蛭石的水饱和度很高，单位重量的蛭石可以吸收4倍于自身重量的水。而且，虽然蛭

石锁水性很好，其水传导能力也相当强。换句话说，就是盆土内添加蛭石浇透水以后，土层上下干燥的速度差比较小，这样一来，更方便栽培者通过观察土表的干湿来判断盆内的含水情况，从而减小了管理的难度。

蛭石虽然是无机类矿石，但是它自身独特的离子交换能力让它具有活性。具体的知识很深奥，这里也不赘述了。大家只需要知道，具有活性的蛭石能促进植物根系的生长，并且主要是群根的生长。这里需要说明的是：在一般介绍花卉扦插、发根的文章中，都会建议大家用蛭石作为介质。所阐述的道理不过是因为蛭石不含养分、比较素净等等，但实际真正的原因却是利用了蛭石的离子交换能力。

但是蛭石也有致命的缺点，那就是易碎，时间一长就会变成粉末，并且会相互粘连，最终导致土壤结构的破坏，土壤板结。所以蛭石只能作为幼苗、弱苗期的复壮或扦插发根时的临时介质，并不太适合大型植物使用。

• 珍珠岩

也是一种疏水、透气的材料，除了价格便宜，其他没有什么优点，规模化大批量种植的时候可以替代兰石使用，以节约成本。但是家庭种植时不建议使用。一是因为重量太轻，浇水过后就到处跑，极其不美观。其次这种材料粉尘极大，可能含有重金属成分，从环保及人体健康角度来讲，是不符合要求的。

除了上述材料，也可参照多种多肉植物配土，选择适合自己的多肉植物配土。

珍珠岩

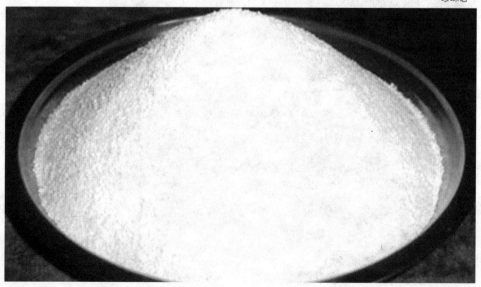

光的追逐 〉

• 阳光的作用

万物生长靠阳光，一天不晒憋得慌。古人折磨囚犯，喜欢把人关进地牢，剥夺人家晒太阳的权利，由此可见阳光对于生物的重要性。

相比动物而言，植物对于阳光的依赖性更高，因为光线能帮助植物进行光合作用，制造养分，供应全身。有人会说，植物有根啊，植物的根才是吸收养分的，事实上植物的根系吸收的只是原料，原料要经过输送到达叶片，然后通过叶绿素、二氧化碳以及光线的催化发生光合作用，最终生成能供植物消耗的糖分，光照是必不可少的。

阳光当然指的是全光谱的自然光，所谓全光谱，就是经过三棱折射后能反映出 7 种单色可见光的光线，所谓自然光，就是除了可见光以外还应该包括 UVA、UVB、UVC 等不可见波段的复合光线。其中对植物生长起主要调节作用的是可见光谱里的红、蓝光，以及 UVA、UVB、UVC。现在市面上有高科技的红蓝植物生长灯，据说效果也不错，不过使用成本估计远远大于一般家庭栽培植物的价格。

可见光都容易理解，但是不可见光的作用往往都容易被忽略。

• 不可见光的种类

UVA，波长 320-400nm，又称为长波黑斑效应紫外线，它有很强的穿透力，可以穿过大部分的透明材料，破坏生物表皮细胞，促进细胞老化，反映到人体，就会晒黑。而对于多肉植物来讲，这个波段的光线能促进表皮细胞老化，让外壳坚硬、厚实，看起来不会那么水灵，但同时植物的抗逆性会增强，对外界物理性破坏的抵抗力会大幅增加，特别是家里住着的地方小区环境好的，放在外面的植物在野鸟、松鼠之类的动物蹂躏下能极大程度地提高抵抗力及成活率。更为重要的是，表皮适度老化的植物能避免在突然增强的阳光下的晒伤，所以给予适当适度的 UVA 锻炼，是家庭栽培必须要注意的。

UVB，波长 275-320nm，又称为中波红斑效应紫外线，中等穿透力。经过大气层只有 2% 左右的能到达地面。这个波段的紫外光能帮助动物体内矿物质代谢和维生素 D 的形成，我们晒太阳其实就是在晒 UVB，某种程度上来说也可以称呼它为生命射线。UVB 对植物来

说，是促进光合作用的一部分，只不过它的促进作用是相反的。从表象上来说，它可以使植物矮化，从而可以将养分大量地积累到植物的根茎部，最终目的是通过营养的积累提高植物的体质，促进开花、结果。如果没有 UVB，那世界上植物都会变成软绵绵的。从家庭栽培多肉植物的角度来说，UVB 的照射可以让植物矮化、紧凑，表象上是更加美观，实质上是增加了抗逆性。

UVC，波长 200-275nm，又称为短波灭菌紫外线。主要功能是杀菌，过强的照射会让细胞大量死亡，反映到人体就是皮肤癌变，反映到植物就是灼伤、焦枯。不过幸好它的穿透能力最弱，无法穿透大部分的透明玻璃及塑料，而且穿越大气层过程中，大部分被臭氧层吸收，而对于家庭栽培多肉植物来讲，由于药物普遍用量较少，为了植物的健康、灭菌的需要，适当的接受 UVC 照射是必须的，一来可以杀灭植物表面或周围环境的有害菌群，二来同样也可以促使表皮细胞的新陈代谢，道理等同于 UVA。

透明玻璃

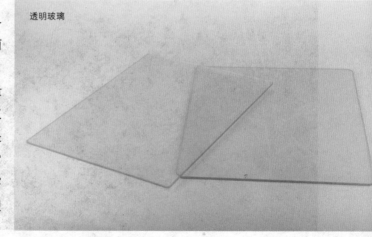

• 多肉植物对光照的追求

那么，家庭环境下的南非多肉植物对于阳光的追求又有怎样的特点呢？

家庭环境中，由于有遮蔽，所以大部分时间没有直射光，而且由于有雨棚、窗户等物体的拦截，所以哪怕照进来的光线也会缺乏足够的不可见光（如UVB，在单层玻璃的过滤下，损失率达到80%以上，主要原因是普通玻璃里的铅元素），而过多刻意加强的光照又会造成UBA和UVC的过量，原本水灵灵的植物要么被晒伤，要么变老。应该可以说，家庭栽培多肉植物的环境是一个病态的环境，是一个先天不足的环境。这和你用了多少肥料、浇了多少水无关，这个是先天造成的。

这样先天不足的环境会造成很多不良后果，比如植物徒长、抗逆性降低、真菌爆发、细菌蔓延，不是晒伤、晒死就是晒得像干尸，我们平时养花，经常会听人说，养花要露天，室内养得长不旺，养人不养花等等，这些话虽然出自于民间百姓，但是仔细研究，其实都有科学道理。关键问题也就是这个"光"字。

事实上，也并不是没有解决的办法，除了砸天花板，还有其他很多办法可以来纠正或者弥补缺光的不利条件。比如，药物、控水、采光方法、加大温差，根据季节分别对待等等。以下谈谈家养多肉植物如何利用阳光。

包封的阳台

• 利用阳光的窍门

大多数公寓楼的阳台是包封的，包封的阳台采光条件不错，但是前面也说了，玻璃会阻断紫外线，所以建议在你可以控制的前提下，尽量长时间打开窗户。这是一个非常不错的方法，特别是对于番杏科植物，在全光谱的散射光的环境下，也远远好过光谱缺失的直射光。

有实验证明，阳台无遮挡散射光下栽培的生石花，和同样年纪、大小、品种但是在卧室隔着玻璃晒太阳的生石花比较，前者明显矮胖、结实，而且表皮老化得很舒服,完全不像后者那么水灵。甚至在夏季休眠也不明显。翻盆后就更有体会了，前者根系主根分明、粗壮、半木质程度不高，侧根及毛细根发达，拔起来带着好大一个土坨，而后者就要弱很多，虽然也很健康，但看起来明显就是温室里出来的娃，受不得风吹雨打。

如果你养的是十二卷，那还需要注意的是：阳台是三面开窗的，十二卷植物要放在东面位置，而后在西窗边上要放上足够高度的绿植或是加挂遮阳网。如果阳台是仅南面开窗，那就需要放在西面位置，理由只有一个，十二卷需要中等强度的短日照。而早上初升能晒进阳台的阳光刚好符合这一要求。至于遮阴，如果你的阳台有雨棚，那完全可以不用考虑。因为每个季节日照的角度都不同，越是夏季，日照角度越正，中午时分需要遮阴的时候，阳台里往往是照不进阳光的。如果你喜欢夏天的植物也是水灵灵的，那用一张单层的 50% 遮阳率的网就足够了。假使遮阴了植物还是干瘪，那就要恭喜你了，因为你又可以翻盆玩泥巴了。

十二卷

• 不同季节对采光的选择

根据南非多肉植物都是冬种型这一特性，家庭栽培就要充分利用生长季节，因为南方的气候四季分明，冬天的低温和夏天的高温，都不是十二卷甚至番杏所能够承受的，所以这两个季节，大部分人家里的植物是处于休眠状态的，不同的是，十二卷在冬季是浅休眠，夏季是深休眠。而番杏则正好相反。这时可采用加温或者土制降温水帘等方式人工调节温度，使植物继续生长。不过，对大多数人来说因受条件限制，只能听之任之，任其自然休眠。（极少数人夏天或者冬天仍旧大水大肥，唯恐植物吃不够的不在讨论范围）这样一来，植物的生长也就只有春秋两个季节，一般而言，多肉植物的生长高峰是在10月初－12月底，4月初－6月底。

如何最高效率地利用这几个月时间，也就决定了你家植物的生长速度，有人经常会羡慕别人家的植物长得快，其实别人家的条件和你家也差不多，区别就是人家利用好了这几个月，而你家的植物在这几个月里把精力都花在长根上了。

要利用好这段时间，给予植物充足的自然光是必不可少的，以十二卷为例，在春季，经过一个冬天的连续低温，植物在浅休眠状态下，体内积聚了不少的毒素，

45

盆土里的细菌虫卵也开始蠢蠢欲动。这个时候就需要渐进式增强光照，几个月没开的窗户也该开一开，一方面阳光下盆土的自然升温可以催醒植物分泌生长激素，再就是可以利用阳光中的紫外线杀灭盆土中可能存在的有害病菌、虫卵等。但是需要注意的是，切不可突然暴晒，前面也说过了，表皮细胞没来得及老化之前，阳光中的 UVA 和 UVB 对植物是致命的。秋季也一样，除了注意日照强度和植物适应程度以外，秋高气爽的时候更加要随时关注植物的状态，因为在南方，秋天的紫外线强度是远远大于夏天的。一般，秋天的日照量以植物叶片不再保持嫩绿为度，如果叶片泛红，那就说明光照太强了，对于刚从夏季休眠醒来的植物来说，还需要增加遮阴量。

徒长，不包括春秋季节植物快速生长造成的暂时性发散或拔高，控制徒长的最佳时机不在生长的高峰，而是在休眠前那一段时间，也就是南方的 12 月底和 6 月底，因为那段时间昼夜温差大，植物也刚好进入营养积累期，这段时间适当地加大光照量，有助于多肉植物矮化，紧密。同时也加大了养分的积累速度，既控制（或者说是纠正）了徒长，也利于休眠前的生理准备。

以上是在保证最快生长速度的前提下，最大程度保持植物株型的一种日照方案，这样养出来的植物可能略显水灵，不是非常严格的紧密、矮胖。对于追求极端株型，并且不考虑生长速度和植物比寿命长短的人可能不适用，但是对于以养活，养健康，有空拍几张照片上论坛让新手点评为乐趣的普通家庭业余爱好者来说已经足够了。

生命之水 〉

　　以不枯萎为重点的浇水方式。虽然仙人掌、多肉植物具有耐旱的机能，但是耐旱并不代表就不需要水分，所以请务必要浇水。最困难的地方在于该在哪个时期浇水？又该浇多少水？由于会因为花盆的种类、摆放位置、植物种类与大小而有不同的方式，所以无法直接断定。基本上在浇水时，请让花盆内部充分湿润。待花盆中的水分完全干燥后再行浇水。换句话说，就是一个星期到10天浇一次水。多肉植物的身体几乎是出水分构成，所以储存的水分一旦减少，叶面就会出现纹路。这个时候只要浇水，叶子就会再度膨胀起来。请根据这个周期估计浇水次数。最好的办法就是每天仔细观察，从错误中找出浇水的时机。

· 生长季节的浇水

　　一般在多肉植物的生长季节，在合理的浇水周期内，可以放心大胆地尽情地兜头浇水，浇到满进满出为止。一通透水，可以让植物如沐春风、盆面的水垢、植物表面的灰尘及盆土内的根系排泄物被冲洗得干干净净。

　　但是要注意，回笼水千万不能再利用，所谓"回笼水"就是浇水后盆底流出的废水。这个就相当于阴沟水，对植物的杀伤力大，里面的垃圾和毒素足够让你千百倍地付出代价，而洗涤用水、时间较长的积水也具有相同的毒效。

47

• 休眠期之前的浇水

至于多肉植物休眠期之前的浇水，这个时期就需要进行控水了，再不控，一个生长季节积累的徒长就没机会纠正了。这个时候，由于气候已经发生变化，所以浇水的周期需要重新设定。而且浇水的量不能饱和，要求是让植物一次喝个半饱，水分的摄入要略小于消耗，这样除了迫使植物毛细根的生长，还可以让植物体内的糖分浓度增大。毛细根的发达，可以让植物更加健康，而营养物质的积累则让生殖生长得以实现，植物会发胖，变矮，特征凸显，接下来的休眠、脱皮、花期也有足够的体力去应付了。如果不能很好掌握的人，可参照前面的多肉植物应该什么时候浇水，先辛苦几次，确定一下浇透的水量，然后把这个数值除以2就可以了。另外，这时候因为植物的营养生长已经很弱了，没有太多的垃圾需要你去冲洗，浇水用细流的方式轻轻地浇就可以了，尽量不要弄湿植物。最低限度，也要避免花芯积水。

玉露

类似十二卷属的白银、玉露，番杏科四海波属大部分植物，生石花属的曲玉等品种，休眠表现得都不明显，这个也需要根据各自植物的状态去灵活把握。原则就是——在应该休眠的季节，植物表现出脱水，生长点失去光泽，或者整体颜色变深，手感变软的，都应该当作休眠来对待。

• 休眠期的浇水

最后是多肉植物休眠李节，这段时间主要的目标是维持，由于气温等原因，多肉植物进入自我保护状态，根系停止了大部分的活动，相当部分的毛细根也已经消失，这时候就没有必要去考虑根毛的保持了。由于失去了吸水的功能，过多的水分不但无效，反而会造出毛细根的腐烂，继而影响到多肉植物的主根，运气不好的，会一直烂进茎部组织。

休眠季节，主要是以喷雾为主，适当地维持空气和盆土的湿度，让植物在休眠的时候不会因为过于干燥而产生生理障碍就足够了，真憋得厉害了，挑个凉快的晚上，灌个一次透水，然后用电扇开足马力吹上一晚，能保证第二天盆面发白，叶芯没有积水就可以了。

当然，所谓的休眠也不是绝对的，

生石花属

空气湿度 >

多肉植物如何吸收空气中的水分？所谓空气中水分可以简单理解为气态水，就是蒸发在空气当中，以不可见形态存在的气态水不是水蒸气，水蒸气是无数的液态水微粒形成的，从根本上来讲也属于液态水。气态水在空气中含量的指标就是"空气湿度"，空气湿度是和浇灌用水一样，对植物非常重要的一种外界补充物。

植物学告诉我们，植物吸收水分的途径除了根系以外，还可以经由叶片上的气孔进行，这个比例根据植物品种的不同而不同，比如空气凤梨之类的寄生类植物，经由叶片吸收的水分可以达到80%以上，从根本上颠覆了"根"的地位。

南非东海岸，昼夜温差极大，加上海面上的水汽扩散，晚间的空气湿度可以非常高。而多肉植物退化的叶片由于拥有较大的表面积，可以更加方便地由叶片上的气孔吸收空气中的水分，以弥

家庭环境栽培多肉植物，适当地营造空气湿度是应该的，但是要以不违背自然为前提，尽量利用周遭的环境，以及现有的设施来进行，比如，秋天干燥，可以在晚上浇水后关窗保湿，夏天室外潮湿，可以开窗

补当地降雨量的不足。所以南非原产地的多肉植物对于空气湿度的要求是非常高的。

让外面的湿气进来等等，就算是有个简易的花棚，也要经常开盖保持通风。只要晚上能维持60%以上的空气湿度，也

但是，家养的植物和野生的还是有点差别，维持原生态当然是最好，家里有条件弄个，一到晚上隔1小时就喷个1次，制造大湿度，植物当然会长得很好。但是这样也就脱离了"家庭栽培"的范畴了，大部分人恐怕也没此条件。

多肉植物景天酸的呼吸方式造成了它白天气孔关闭，晚上才会开放进行呼吸，所以白天过大的空气湿度是根本不必要的，只会造成植物的抗性降低和对空气湿度依赖性的增加。

就足够了。切不可贪功冒进，弄个东西罩起来、包起来等等，看起来长得水灵，其实根本不适合植物。多肉植物本是荒野中汲取天地灵气的精灵，弄个小盆子把它下半部约束起来已是冒犯，再剥夺了它呼吸新鲜空气的权利，子非鱼，焉知鱼之所需？

　　有些"多肉"迷常常会发现这样的问题：自己刚从花市淘来的"多肉"宝贝没过几天就已经看不见刚"入驻"时的神气劲了。虽然自己爱护有加，但这些小东西非常不给面子，这可急坏了它们的主人了。殊不知这个问题可以说是每个"多肉"迷都会遇到的，也常常难倒一部分爱好者，但稍有一些经验的栽培者都知道这其实是一个空气湿度的问题。

　　如果你是在北方干燥地区的肉友，如果你的栽培场所是自家的露天阳台或窗台，这一点就尤为重要。那么为啥会出现上述的问题呢？空气湿度又为啥这么重要呢？这里我们可以分析一下：花市的多肉植物都是花圃里生产出来的，这样的植物都在大棚里长大，而大棚多数时间都是封闭栽培，因而里面的空气湿度相对较高，这样栽培的植物个体饱满，且极富生气。然而在它被购买后，由于多数地区的家庭栽培场所常

常达不到这样的条件，所以就会出现上述的问题了。也有些人会问：这些多肉植物大多的原产地环境较恶劣，年降水量极少且干燥，那么它们又是怎么利用空气湿度的呢?我们首先排除雨季时较高的空气湿度。这些多肉植物原产地在太阳落山前的几个小时温度较高(尤其是中午)，但到了晚上温度又会急剧下降，这样空气中的水汽就会凝结形成雾气，在黎明时尤为显著。这种以气态形式存在的水分也可以被多肉植物吸收，此时正是它们最开心的时候。现在回过头来看我们大多数的栽培场所的条件还不够。这里还不包括一些对空气湿度要求更高的附生类品种和一部分凤梨科的植物。

正是因为栽培场所的条件限制，许多植株出现了褪色，叶尖枯焦、干瘪、植株提前老化等现象。而这一点在大棚种植中是看不到的。虽不致死但观赏性会大打折扣。最行之有效的办法很简单，即用细嘴喷壶喷雾。也有多数爱好者会用一次性的塑料杯倒扣在盆上(多在春冬两季)。或者选择在玻璃缸内栽培，在底部铺上一层粗沙，可以不时在上面洒水，这样既可增加湿度，又不会使盆内常常"水漫金山"。总之空气湿度的调节要从多方

面考虑包括种类、季节、生长阶段等，绝对不能一概而论。湿度过高植株易腐烂且易引发介壳虫；湿度过低植株观赏性会打折扣且易引发红蜘蛛。

1.各个季节的空气湿度的要求。生长期保持一定的空气湿度是相当重要的。当植株进入生长期时空气湿度的作用是显而易见的。原产在热带雨林的种类要求更为严格。一些富有颜色变化的园艺品种如能保持相当的空气湿度，则颜色更艳丽。可以说基本上大多数品种在此时都需要一定的湿度。而在休眠期

植株

空气湿度的把握则要相当谨慎，首当其冲的就是一些夏眠的、肉质程度较高的品种。举个例子，上海的夏天就属于典型的"湿热"天气，番杏科高度肉质化的品种就相当容易腐烂。生石花、帝玉这些老品种如何度夏往往是爱好者最头痛的问题。同样冬季休眠的品种也要保持一定的干燥度。这一点在温度低于5℃后要引起相当的重视，当温度继续下降至0℃或更低，此时若是湿度偏高往往是致命的，而且在一夜之间就能致死。不过北方的大多数城市冬天较为干燥。这种"湿冷"的气候在我国的一些南方城市较常见。

番杏科

2.小苗阶段的空气湿度。小苗期的空气湿度尤为重要，它的意义要超过土壤的湿度。因为在苗期会有一个"蹲苗"的过程。这时控制土壤中的水分目的是促生新根，如能保持较高的空气湿度可以使其不会因蹲苗而缺水。一般苗期对空气湿度的要求较其他生长阶段要高，但此时的空气湿度也是最难掌握的。实践证明种子越小，苗相对也较小，其抗逆性较差，往往不能耐高湿。典型的有番杏科的多数品种，景天科的一部分品种(四季海棠最为突出)为代表。等成型后这样的现象就会大大好转，空气湿度的问题也不会那么突出。

3.无性繁殖对空气湿度的要求。家庭常用的无性繁殖有两种：扦插、嫁接。扦插要注意植物器官从母体上分离后的几天里均要保持干燥。这个时间段要根据品种而定，少则四五天多则1个月，待伤口完全干燥后可插在基质上。此时可以保持较高的空气湿度。在这一点上主要分成两派意见：一派主张创造干燥的环境，这样能在较短时间内生根，但消耗较大。另一派主张创造潮湿的环境，这样的方法对扦插的个体消耗较小。而在嫁接方面的观点则较为统一，在刚完成嫁接的头两个星期都要保持干燥、通风，过高的湿度对嫁接的成

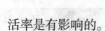
活率是有影响的。

4.对于某些块根类品种。如龟甲龙、苦瓜类、笑布袋等。在原产地它们的表面往往呈不规则开裂，多凹凸不平。但在人工栽培环境下，尤其是从实生苗开始培植时，它们凹凸不平的表面却变得很不明显。这点也是一些有经验的爱好者用来判断野生与人工栽培的辅助依据。

肥料的调控 〉

多肉植物的原生地多在沙漠荒野之地，土壤贫瘠，养分很少，因此也有许多种植爱好者提倡多肉植物的种植应该模拟其原生环境，不施肥，少施肥。但是植物生长肥料又是必需的，十万个为什么告诉我们，植物生长三要素，是英国人发现的，通过焚烧植物后得到的灰烬，科学家分析出了大量的氮、磷、钾和微量的其他元素。于是得出了结论，

龟甲龙

植物生长三要素即是：氮、磷、钾。

　　氮元素主要集中在植物的枝叶上，所以通过补充氮肥，可以促进植物枝叶的生长，枝繁叶茂就是氮肥的功劳。磷元素主要集中在植物的生殖器官——也就是花和果实。通过补充磷肥，可以促进植物的花芽分化，果实发育。硕果累累就是磷肥的功劳。钾元素主要集中在植物的根茎组织上，补充钾肥可以让植物茎秆粗壮，根系发达，增加抗倒伏能力，增加抵御外界侵袭的能力。根深蒂固也就是钾肥的功劳。除了微量元素，肥料的作用大致不外乎以上三点。

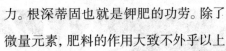

　　家庭栽培多肉植物，参照前面章节的配土，在盆底埋入一些缓效花肥或者有机肥，再加上定期的换盆换土，生长缓慢的多肉植物几乎不需要额外的肥料补充。和草花不同，多肉植物一年长几片叶子的特性，造成了它极少的消耗。消耗少自然吃的就少，况且，还有一年中几个月的休眠。所以，对于养分的需求，土壤中现有的已经足够了。

除了底肥之外还可以考虑适时施追肥。这里的情况相对复杂些，因为说的都是仙人掌类植物，其实不同的品种之间，由于品种的特点不一样，差别是比较大的，更何况多肉植物分属不同的科属，虽然都有耐旱的特点，但其中

岩牡丹属

的差异还是很大，更要区别对待，谨慎　施肥。对一些生长强健的品种，如仙人掌属、仙人球属、乳突球属、强刺属等等，在生长季节里，只要按照"薄肥勤施"的原则，没有任何问题的。

对于一些如岩牡丹属、帝冠、花笼等生长极为缓慢的品种，以及生石花属的多肉植物，还是少浇或不浇为好。这就是说，施肥和浇水一

样，要和这些品种本身的生长速度相适
应。越是需要少浇水的品种，也就可以
少施肥。不过一些多肉植物在养的过程
中，加大温差，促进生长，也经常施一些
速效肥，效果显著。所以施肥一定要根
据多肉植物生长情况来调整，这样可以
起到良性循环的作用。

此外还有一种应该施肥的情况，就
是当多肉植物开花时候。

植物开花结果需要消耗大量的养
分，不光是我们前面提到的磷肥。植物
的开花结果是一次重要的生命周期，所
以每到这个时候，植物全部的组织都会

配合这次生养后代
的重要行动，其中
包括：茎秆会加粗
以防止花朵果实过
重而倒伏。根系会
抓得更深，帮助吸
收更多的养分。有
些植物连叶片都会
适当地脱落，以免
遮挡昆虫的授粉和
果实的采光。

综上所述，多
肉植物需要更多的

养分来支持开花结果，这其中除了前期的积累，更多的是需要外界的及时补充。野外的十二卷不比人工栽培的，野外的十二卷虽然也会长三四枝花剑，出个几十朵花，但并不是每朵花都有机会授粉成功，相反，这个比例更多的时候甚至是零，这是由百合科植物花朵的结构决定的。而家养的就不一样了，授粉成功率会高很多，有时甚至是一枝花剑结十几二十个种荚。番杏科植物情况也大致相同。所以家庭栽培的多肉植物由于需要满足杂交授粉的消耗，需要更多的额外肥分补充。

开花肥以磷肥、钾肥为主，其他元素为辅，最好以液态形式进行施用，以快速起效。可以选择的是花友、花多多之类的专业花肥，也可以直接施用磷酸二氢钾。施用比例控制在1:2000左右，也就是1克肥料配2千克水。这里要再次说明，有些人会认为1:1000的比例比较合适，但那是在大棚和温室栽培环境下，植物生长旺盛才可以用这个浓度，家庭环境下植物吸收养分的速度远不比大棚和温室，所以能淡就尽量淡。

施肥的时间选择在花期，即花剑

肥

冒头开始，半月一次，随同浇水一起施下。一直施到种荚成熟为止。需要控制花期，协调开花时间的个体，可以少施或者不施。

多肉植物缺肥并不常见，肥多烧根倒是经常遇见。前面说过多肉植物根系的渗透压，主要也是针对过度施肥来说的，过度施肥的结果，往往容易造成施一次就烂一次。但是为了让多肉植物长得更漂亮，也相对快一些(这样会很有成就感)，施肥是很重要的一环，在能养活多肉植物的基础上，就要

向养好发展。不过，从保守的原则出发，一般初养多肉植物，还是不施肥为好。因为多肉植物算不是很吃肥的一类，一般土壤中的微量元素也足能对付。而施肥往往以液态肥为主，这样容易出现和浇水不当一样的副作用。主要原因就在于养多肉植物最容易出现拔苗助长、急于求成的心态。毕竟多肉植物有其特有的生理特点，我们虽然可以在一定程度通过改变局部环境提高它们的生长速度，但是不能从根本上改变它们，否则必然会失败。

敏感的温度 〉

对于原产南非的多肉植物来说，大多数品种最适宜生长的温度是在12℃~28℃之间，这个数据应该也正是原产地生长季节的高低平均温度。

以杭州为代表的江南地区，由于地处南北气流交汇斗争的地带，经常是冷空气刚走，副热带高压就占据了主导。

全年能够维持12℃~28℃的日子只有5、6、10、11大约4个月时间，其他大部分月份不是太冷就是太热，以至于时常刚脱棉衣就直接过渡到短袖，穿了两天短袖突然又要穿毛衣了。

这样的气候，人勉强可以承受，但是对于植物来说，特别是多肉植物则是相当麻烦的。有人说，大温差能够促进

植物生长。没错，昼夜温差的确能够促进植物生长，但是以天为单位的温差则不然。

　　植物生长的好坏，取决于体内养分积累的多少。白天，植物的光合作用是个制造养分的过程，在合理的温度上限内，温度越高，光合作用越强，制造的养分也就越多。这个过程我们可以看作是对植物养分积累的一个加分过程。到了晚上，由于没有光，大多数植物制造养分的生理作用停止，加分为零。但是植物的蒸腾作用还是在继续。所谓蒸腾作用就是植物依靠环境温度使叶片蒸发体内的水分，同时靠蒸发作用带来的虹吸效应，促使根系吸水，这个过程是需要消耗植物体内的养分的，对于植物的养分积累也可以看作是个减分过程。环境温度越高，蒸腾作用越大，减分

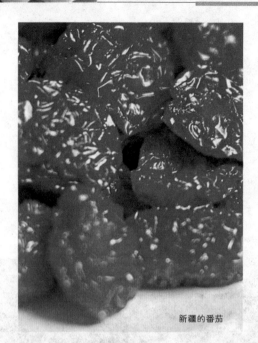

新疆的番茄

营养物资的积累，但是必须是受控的昼夜温差，天气突然变化导致的温差对植物有害无利。

家庭栽培环境，致使我们很难做到大棚那样完美的人工温差。（大棚依靠聚酯薄膜的密闭作用，能在阳光下储存热量，以增加白天气温的方式拉大温差）。但是，家庭也有家庭的好处，只要不是住在凉亭里，至少冬暖夏凉，不会出现极限温度还是能够做到的。既然温差对多肉植物的影响那么大，那么如何制造温差，就需要在家里这个不十分明显的温差下想办法了。

越多，所以一天下来植物能积聚多少养分，就取决于白天制造多少，晚上消耗多少。白天温度越高，植物制造的养分就越多，晚上温度越低，植物消耗的养分就越少。昼夜温差的效应就体现在这里。新疆的葡萄为什么甜得粘牙？新疆的番茄为什么能吃出柿子味道？原来是"早穿皮袄午穿纱"的气候使然。

其实，气候原因突然的升、降温，对植物不但没有好处，反而有极其严重的伤害作用，不光会打乱植物的正常生理秩序，还会促使各种意外事故的发生。病虫害、真菌等，都和温度突然的变化有关联。温差能促使多肉植物的生长和

新疆的葡萄

花架

• 冬季温度控制

多肉植物的种植养护注意要顺其自然，尽量不折腾，尽量利用现有的环境设施。但是对于南方严酷的冬季来说，顺其自然也等于是承认了多肉植物，特别是十二卷类植物将近半年的休眠期。所以冬季的温差以白天保温为主要手段。

在现有的花架上进行包封是比较环保的办法。常见的花架一般分两种，木制的和金属的。木制的花架建议用阳光板直接包封（比较美观，保温效果也好），除了正面和底面以外，其余四面全部可以用木螺丝进行固定。正面可以用大棚膜或者软玻璃灯做成挑帘的形式，以方便打开。花架底下可以用几个接水盘放点水摆在下面，一来起到增湿的作用，同时水可以储存白天的热量在晚上缓慢释放，防止晚上太阳晒不到降温太快。金属的花架可以全部用大棚膜包封，为增强保温效果可以用双层甚至四层。其他和木制花架一样。

这样经过处理的花架，需要摆在白天晒得到太阳的地方，一般在室外温度5℃左右的晴朗天气，棚内温度可以上升到25℃左右。而晚上，不管外界气温有多低，由于在家庭环境的双重保温作用下，棚内温度可以略高于室温。以上方法适用于十二卷和番杏类植物。

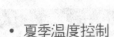

• 夏季温度控制

我们讲过，十二卷夏季是深休眠，是生长季节告一段落的标志，相比冬季休眠，夏季休眠是个生理周期行为，控制下的休眠，能够让植物积聚下个生长季节生长的动力，对于植物来说，是相对有利的。所以在夏季我们制造温差的目的不在于生长，而是保持，适当地拉大夏季休眠期的温差，能避免植物因为高温产生的生理障碍。也可以通过晚间的相对低温，使白天积聚在盆土内的热量散发，借以维持根系的健康。

所以，夏季温差以降低夜间温度为主，白天任其自然，只需要做好遮阴工作。

电扇

喷雾器

晚上在不利用空调设备的情况下，利用喷雾、电扇等物理降温方式进行降温。喷雾需要喷到土面变色，植物表面覆盖水珠，然后开启电扇吹风。水分蒸发能带走热量。在盛夏季节，晚上 8 点以后，花盆周围气温 32℃的情况下，经过喷雾，吹风后 1 小时即可降温至 29℃。然后再配合开窗通风，或利用房间空调风分享等办法，晚上花房最低气温可以达到与户外温度相当（27℃左右），对于十二卷度夏休眠来说，这个低温足够了。

以上方法仅适用于十二卷植物，对于番杏植物来说，建议夏季不断水放养，只要是 2 年以上的健康苗，越晒越精神。

对于多肉植物来说，理论休眠期前几个星期是生殖生长阶段。这个阶段表象上的生长会很弱，但是多肉植物体内营养物质的积累速度却达到了高潮。并且不同科属的植物时间是不同的，十二卷植物表现在初夏，番杏植物表现在深秋。

在这段时间，通过加大温差可以增进植物营养物质的积累，植物会因为体内干物质的增多而变得肥胖，茎叶的粗壮则可以让生长期积累下来的徒长现象得以纠正。再加上夜间低温造成的生长缓慢，植物自然会体现出矮胖的特征，甚至足够的温差可以抵消采光不足造成的徒长。

再者，温差为多肉植物的花芽分化提供外界条件。经过温差调节的多肉植物，在随后到来的花期开花会更齐、更猛，花朵更健壮。无论是对于十二卷的杂交还是番杏的观花，都非常有益。试想，群栽的生石花在一夜间集体盛放，那个感觉，不亲眼看到是无法感受的。

• 其他季节温度处理

冬季以白天保温为主，夏季以晚间降温为主。那么到了黄金的春秋季节就需要以亲近自然为主了。亲近自然，指的就是使栽培环境温差接近室外温差。南方的春秋季节户外有 10℃ –15℃左右的天然大温差，再加上户外的新鲜空气，天然玉露滋润，浪费了实在可惜。这里的方法就不用多说了，开窗自然通风、电扇强制通风、露天放养等等。只要让花房变成凉亭，目的就算达到了。当然要谨防前面说过的倒春寒以及副热带高压卷土重来。

温差对于十二卷植物控制花期也很重要，相信有过杂交经验的人都经历过，明明已经早就计划好的配对，偏偏等不到其中一株及时开花，而不得不放弃。不过幸好，我们还有温差可以利用。

加大温差，特别是提高白天的高温，可以促进多肉植物的花芽分花，这是个不变的公理，不需要证明。通过控制白天的高温，可以控制十二卷植物开花的时间。白天温度越高，花芽分化速度越快，否则则越慢。以此来对杂交植物的开花时间进行调节和统一。

不过，对于花期本身就不是一个季节的十二卷植物，调节温差的办法可能没那么管用了，以寿类为例，比方说，开花最早的是康平寿4月份就开花了，而开花最迟的是青蟹，6月份花剑才冒头。这样的差距靠家庭栽培的温差调节几乎是无效的，不过估计大棚里可以做

到。

另外，利用温差还可以控制盆内的病虫害。特别是春秋季节，晚间的适当低温，可以抑制盆内细菌的生长和害虫的活动能力，最终目的是减少药物的使用，达到环保养花的目的。温差还可以增加植料颗粒的热胀冷缩，通过土壤自身的物理变化，间接地达到改良土质的目的。

总之，合理地利用温差是培养好多肉植物的关键，如果说阳光、水分、植料是家庭栽培植物的主食，那么以上 3 项只能解决植物的温饱，而适宜的温差却是一剂补药，可以让植物在温饱的基础上进入小康水平。

"缓根" 的处理 ＞

多肉植物的缓根是养好多肉植物的前奏，不管是网购还是实体店购买都免不了这步，网购往往是裸根发货，实体店购买虽然是带土的，但是自带土的土质往往并不怎么好，不利于多肉植物将来的生长，因此换土缓根是每个多肉植物爱好者的进阶课程中少不了的一步。以下浅谈四类多肉植物的缓根，一些其他品种的缓根也可参照，在缓根之前还应当注意多肉植物的移盆要点。

生石花的缓根：一个最简单的道理，根没长好时它用什么吸收大量水呢? 为什么要潮土干栽? 这里来说一下，生石花修根后要潮土干栽，期间不干不给水，干了浇水也是让土潮湿发好根浇一次水。然后自然养护，生石花根会吸收自身的水分，也就会萎缩。有花友不知道潮土怎么分别：拿喷壶把土喷湿，用手一攥一团一撒手就散就是了。提到"萎缩"，说一下为什么老手都是看生石花的状态而不是土：这就是前面提到

的生石花已经不能再在土里找到供给自己本身需要的水分了，生石花就采取了吸收自身的水分。

根好植物就好，这就是老手看花不看土。保持潮土也就意味这诱导根系找水，找水的过程就是发根，你看土是干的，生石花的根不一定认为是干的。不要认为土干了就去浇水，生石花在原生地是靠雾气活着的。

新手都是看到土干了就去浇水，这就是植物死亡最多的原因！为什么？一个新手在大中午的时候看到土干了就去浇水，是完全错误的！太阳暴晒，水不是被植物吸收，而是被太阳蒸发了，水有放

大的能力，太阳透过水就会把生石花烧伤。老手都是早起浇水或者傍晚浇水，这样的好处是植物会慢慢吸收。

【播种】介质对播种生石花的影响：你可以播种在不同的盆里，记住一个盆中部颗粒小，一个盆中部颗粒大。小苗一脱后移盆，你会发现其中颗粒小的小苗根系，毛细根很多而主根很短；其中颗粒大的小苗根系，毛细根合适而主根很发达。这不是试验，毛细根很多而主根很短会造成以后极易徒长，而毛细根合适而主根很发达，你会发现后期好管理，定值方便不易徒长。

【肉锥缓根】肉锥大多是毛细根，

这里用的方法与石头截然不同,都是湿土移栽不修根(不修根不代表干死的根还留着)。不像生石花湿土移栽主根很容易烂,湿土很容易引导肉锥发根。

夏天也不是发根的好时候,水很容易蒸发掉,这造成供给毛细根"缓根"的水量极快流失(毛细根干掉在生能力很差)。一般是拿喷壶把盆喷湿再移栽,不要把肉锥栽得很深,根栽下去就可以了。然后铺面就可以了,夏天放在散光通风处发根。

【仙人掌缓根】实生的仙人球都是有很粗的根系,这就意味着水大,土中的根系就会成为细菌的滋生地,所以仙人球缓根都是干土栽植。咱们看到认为是干土,其实土里都是有湿气的,这对于在极干旱仙人球来说已经足够了,记住放在半阴通风处。

【景天缓根】潮土干栽就可以了,放在半阴通风处,景天别修根哦!

最后告诉大家:为什么现在的卖家都修根?在运输中毛细根在不通风的环境下极易腐烂而引发植株腐烂。为什么要晾晒发货?这是为了让植物尽量减少含水量,减少运输中腐烂。在家移苗没必要修根。当你没有垫底石的时候,没有

肉锥

仙人掌

景天

71

景天

网纱的时候，你可以用粗糙的卫生纸。当你变成老手接触植物多了的时候，用什么土都可能栽种生石花、景天、仙人掌！多肉植物缓根的时候，切忌经常拿盆摆弄，容易造成根系的晃动，使毛细根夭折。

栽培的介质对多肉植物的根系生长有很大的影响，简言之就是，颗粒土不利于细根的生成，长根的根系往往是主根粗壮，泥炭土利于长根，往往不需要太长时间，整个盆土已经被错综复杂的根系所环绕。

枯枝败叶的处理 ﹀

• 清理叶片

大家应该经常遇到这种情况，多肉叶片底部长出许多小叶子，这样的情况正常来说是不需要管的，但是因为我们的多肉植物大部分种在花盆里，并不是野外生长的状态，经常会出现底部叶片挤压小苗的情况，特别是在夏季，如果底部叶片太多，很容易就把小苗给闷死在底部了。这时，我们可以将小苗位置的叶片都掰掉，掰下来的叶片还可以叶插，而且空间变得更多能让小苗生长得更好，多生长一阵就变成传说中的群生啦。

• 枯叶的处理

多肉植物最底层的叶片经常会出现干枯掉落、透明化水的现象。前者属于正常的多肉植物代谢过程，并不需要担心什么，待叶片完全干枯可以轻易拿掉后，取下来扔掉即可。长时间积累起来的枯叶很容易染上病虫害，特别是夏季容易造成密闭闷热的环境，所以一定要清理，那些不太容易拿掉的干叶片就不要动了，强行扯下会伤到多肉植物本身，而透明化水大部分是因为多肉植物刚买回家，种上不长时间，因生长环境突变而引起的不适，这个也不需要担心太多，也不用管理。后期生长时透明的叶片也会慢慢干枯或者化水直接清理掉就可以了，但是这样的要作为重点观察对象，多肉植物茎部有可能会因叶片化水而引起霉菌感染发黑，最底部叶片干枯脱落，加上多肉植物枝干生长拔高的正常现象，就会出现"老桩"。

多肉植物

• 叶片干裂

有部分多肉植物会出现叶片干裂的现象，家里的多肉植物也有那么几棵的确有这情况，但是这对于多肉植物的生长都是不影响的，生长季节来临后，新的叶片长出来就没事了，干裂的叶片最后还是会干枯掉落的。

73

病虫害产生原因及防治 ＞

仙人掌

多肉植物也和其他植物一样会染上虫害。但请放心，只要仔细观察，早期发现害虫并及时做出处置，害虫也就不足为奇。最常见的害虫种类为蚜虫，是一种白色椭圆形的小型幼虫。它们会藏身在叶片交叠处，或是根部与叶子背面，虽然不容易发现，但若是叶子上出现水滴状的东西，或许就是该种害虫的排泄物，请务必仔细观察。最好的处理方式是用尖锐物品将其刺死。如果没办法，则建议使用市售的杀虫剂。但由于会对多肉植物造成负担，因此也可以将醋稀释10倍后重复喷洒，这样多少也有一点效果。仙人掌则有可能会滋生介壳虫，如果表面出现白色壳状物，那就是害虫了，请用牙刷等物品轻轻刷除，这样就可以放心了。

多肉植物甚少病虫害，非洲大陆严酷的环境，造就了多肉植物强大的适应能力，估计是外来物种的原因，常见的红蜘蛛、介壳虫都不见踪影，偶尔土里会飞出个小黑虫，也无伤大雅。

不过，也有一

常见的各种病虫害了,但是具体用哪种药怎么用,却是另有玄机。

一般园艺植物的病害常见有腐叶病根腐病,以及真菌感染造成的系列危害,每一种病症如不及时加以处理,都会导致植物部分器官的腐烂乃至全株死亡。但是对于多肉植物来说,细菌性的腐叶、腐根却极少发生(物理伤害后没有及时处理伤口的除外),唯一对多肉植物威胁最大的是真菌导致的感染,具

些花友说过多肉植物病虫害的事情,主要是覃蚊一类飞虫的幼虫对幼苗根系的危害,这可能和这些花友用的土壤性质有关。这些花友在介质中添加天然的成分如腐叶土、煤渣等,甚至全部使用这些材料。天然的东西环保是不错,但是很难避免虫卵和病菌的寄留。时间一长,长出虫子来也是理所当然。

对于普通园艺爱好者,用的最多的花药无外乎多菌灵、甲基托布津、百菌清之类的广谱类杀菌剂以及呋喃丹之类的过期农药(呋喃丹由于剧毒、高残留,已经被国家列为禁药)。对于家庭栽培来说,以上几种药物已经足够应付

介质内部的菌丝则是一种食腐菌，也是分解介质中有机物帮助植物吸收的一种益生菌，不会对有生命力的植物本体产生危害。细菌繁殖过程中产生的热量除外，这两者需要区别对待，切勿一棍子打死。

通过以上的分析，我们在抗菌类药使用方面也需要有所选择。我们都知道，多菌灵及甲基托布津是广谱抗菌性药物，主要针对细菌性的感染。而百菌清则是主要针对真菌类的消杀。在家庭栽培多肉植物过程中，由于主要以抵抗真菌感染为主，所以预防型施药应该以百菌清为主药，为避免抗药性的产生，可以间隔交替使用多菌灵及甲基托

体表现在通风不良、潮湿及栽培介质消毒不良后的大面积真菌感染，也就是我们平常所说的"长毛"。尤其以幼苗阶段爆发概率最高。假使真的爆发了什么病害，也可以参照多肉植物的病虫害防治。

这里需要说明的是，土表的"长毛"是真菌感染，是一种病态的表象，而介质内部的菌丝则是土壤有机质分解的必然现象，是一种正常现象。真菌的感染会以植物的组织细胞作为营养的来源，最终导致植物的组织溃烂。而

布津进行配合。而在修剪、整形后用于伤口的处理，则应当以多菌灵和甲基托布津为主，百菌清的效果相比就会差很多。药物使用应当注意"预防为主、交替使用、提高浓度、减少次数"这16字口诀。

预防为主，就是防患于未然，在苗头开始前就进行控制，不要等到看见病了再去用药，此时哪怕控制住了，也会影响植物的品相，乃至以后的健康。一般季节交替的时期是预防性施药的关键节点。

交替使用，也就是防止菌类抗药性的产生，同样的药物最多连续使用三次，就应该换其他的。否则，抗药性一旦产生，施药就如同浇水，毫无效果。而且你也会因为少了一种可以替换的药物，而使其他药物的使用频率提高，导致其他药物也因为抗药性而失效。

提高浓度，这是对动物、植物都通用的一个用药策略，对于常规性的疾病以及爆发式的急性感染，在说明书浓度的基础上，提高30% 50%的浓度，可以在短时间内取得良好的效果，让被感染的个体在高浓度药物制造的无菌环境下，通过加强管理和后续保养来提高自身抵抗力，及早恢复健康。

减少次数，这是相对提高浓度而言的，上面也说过，土壤中有益生菌的存在。灭菌药物在治疗的同时，也会无区别地杀灭益生菌。而益生菌对于改良土质、防止板结是有好处的。所以用药要考虑到这一因素，使用药物不要过于频繁。要给益生菌以适当的生长空间。另外，减少用药的次数也可以避免抗药性的产生。建议以预防为主的施药间隔为2个月，季节交替期间可以适当增加。

➤ 病虫害防治小窍门

播种后，如逢连续阴雨，盆土过于潮湿，盆内极易爆发真菌，此时必须给药。但是由于盆土已经处在一个非常潮湿的状态。再进行常规施药无疑中给潮湿的环境又增加了水分，对于种子的萌发是十分不利的。这时，可以将药物的干粉直接均匀地撒在盆面，而不需用水进行稀释后喷灌。

常规灭菌药物是使用滑石粉作为载体的粉状物，（我们看到的白色粉末其实就是滑石粉，而真正药的成分是看不到的）稀释喷灌后，会在植物表面形成白斑，影响植物美观和光合作用，而且很难清除。建议在药物进行配比稀释后静置 2 小时，待滑石粉沉淀后，仅使用上清液进行喷灌（也就是药物的有效成分），则可避免以上污染。

● 与众不同的新鲜——多肉植物的搭配

叶插、枝插和扦插的窍门 >

　　熟悉多肉植物的朋友都知道，它们是生命力极其旺盛的植物。表现之一就是极高的扦插成功率和繁殖能力。不论是一根枝茎还是一片叶子，只要在适宜的环境下，都能顺利地生根繁育。扦插时间以春秋为最佳，此时生根发芽更快些。冬季不休眠的种类，如虹之玉、八千代、白牡丹等冬季也能"生儿育女"，但普遍说来夏季就不适宜了。

SHENG HUO ZHONG DE XIAO QING DIAO DUO ROU ZHI WU

• 叶插

叶插，多用于景天科多肉植物。叶插不是一个新词，但没接触多肉之前，很多人对于一片叶子也能扦插繁殖出新的生命，还是缺少真切的感受。在栽种多肉的过程中，我们经常会不小心碰掉叶片或者在修剪插枝时摘除下端的三五片叶子，这时就会用到叶插。

首先选好健壮的叶片，挑出明显发黄或根部有损伤等不健康的叶片，否则混在一起栽种，不健康的叶片很容易霉腐，进而传染其他叶片。

至于叶插的花器，推荐没深度但有宽度的盆，就像这个盆景盆就很好用。你也可以选择育苗盒，每穴中插一片叶子，也能很方便地取出定植。

用土方面，可以参考适合种植多肉的介质成土壤。有条件的可以先在盆底铺上钵底石，又放些大粒的鹿沼土，便于透气，最上面覆盖上赤玉土。其实，用最普通的泥炭混上些许蛭石等叶插，发芽也没有任何问题，只是没有赤玉土那么干净罢了。

叶插对盆土的湿度是有要求的，太湿叶子容易腐烂，完全干燥又不利于生根，生根后也不利于根系生长，所以只能稍稍保持相对湿润，尤其是表土的湿

始的，可以用小木棍斜插一个浅坑，然后把叶片放进去。如果是大面积叶插。可以像耕地垄一样，分出垄沟，把叶片放进垄沟。

之后就是静静地守候，这段时间不需要很多的光照，尤其要避免正午的强光，否则会耗尽繁殖新芽的养分，一般放在庇荫处或散光下就可以了。另外，这期间如果发现有变成半透明状的叶片要及早清除。这样的叶片不会生根发芽并且会很快腐烂；遇到霉变的也要尽早隔离，避免传染其他多肉植物叶片。

根据植物、季节、环境的不同，通常15天左右，就开始生根发芽了。幸运的话，一片叶子会并发双头甚至多头植株。生根后要及时浇水，见小生命露头后要逐渐见光。

润。一般是在叶插前用喷壶将表层土喷湿。

之后便是叶片的摆放了。其实平放就可以生根发芽，这里推荐斜插法，这样出芽或许比平放稍慢，但根系能直接插到土中。不需要像平放那样，出根后再把根埋到土里或重新在上面覆土。斜插也不需要插得很深，只要保证叶片能斜立在土面上就可以了。不要压得过实，否则可能会影响新芽出土。另外不要直接把叶片的根部插向介质，那样容易伤害根部，要知道生根发芽就是从这里开

随着新芽的生长，老叶片会逐渐枯萎直至自然脱落，这之前不要轻易摘除，否则容易伤及新芽和根系。待新繁育的多肉植物长大，就可以给它更换"新居"定植了，至此一轮多肉植物叶插就算成功完成了。

- 枝插

　　相对于叶插，取枝茎繁殖的扦插方法就是枝插，广泛应用于各种多肉植物。多肉植物徒长很常见，修剪枝茎就给了它们更多的繁殖机会，一株变两株甚至多株，单头变双头甚至多头就成为了可能。

　　一般修剪过后的第一件事是将剪枝放在阴凉处，让断口风干愈合 2-3 天，然后把剪枝下端的叶片摘除（可留作叶插），留出 3 厘米左右的茎。这里需要提示一下，有的多肉植物不适合修剪过后立即摘除下端叶片。像红稚莲或锦晃星，因为所含水分太大，摘除叶片时很容易损伤叶根或是伤及枝茎，导致无法叶插；另外茎伤在枝插时也容易导致腐烂，所以这类多肉最好是 2-3 天后待枝叶中的水分稍有流失再做摘除。

枝插有两种方式：一是修剪2-3天后立即枝插。也就是说，当剪枝的切口干爽愈合后就扦插。枝插之前最好先看好花器和剪枝的高度，以决定扦插深度，免得反复进行。操作时尽量让裸茎全部没入基质中，直到第一片叶以下。采用这种方法枝插，前一周不要浇水，之后喷湿盆土表面，见干后用同样的方法给水，过两周左右稍加大给水量。这种枝插的优点是不会伤及根芽，但控水不当容易腐烂而导致扦插失败。另一种是等待

剪枝生根后再扦插。其实，剪枝凭借空气中的湿度，15天左右就能生根。如果采用下面这种方法，生根速度还会加快。找一个小瓶，将瓶壁喷湿，把剪枝架在上面；也可直接在里面装上少许湿润的赤玉土，再放上剪枝，这样瓶内的相对湿度能很容易地促进生根。生根后再扦插，就不会因为在无根的情况下浇水而导致腐烂了，但扦插时不小心会伤到新生根，一定得注意。

这两种方法都有优缺点，花友们可以根据个人情况来决定用哪种。至于用土和光照跟叶插差不多，尤其要避免强光直射，见生根后再逐渐见光，这点很重要。

很多多肉植物都可以实现叶插繁殖，像是虹之玉、白牡丹、姬陇月，叶插都能达到"以一生多"的效果；而有些多肉植物则更适合枝插，比如桃美人、八千代和熊童子，但也不是说不可以叶插，只是花的时间会比较久，要有足够耐心照料！便可以从多肉植物的枝插和叶插中找到无限乐趣！

· 扦插

【扦插要点】关于扦插生根部分，剪下来的枝条最好还是晾干一下，甚至可以将砍下来的伤口正对着太阳晒。这种紫外线消毒的方式可以让伤口愈合得更快，后期多肉植物生长也会更健康一些，特别对于一些较难繁殖的品种，有较好

的效果。如果不晾干直接种也是可以的，但是经过对比发现，这样的多肉植物后期生长经常会患上病虫害，健康程度远不及伤口晾干后扦插的多肉植物，所以晾干伤口这个工作一定要做的！

【扦插温度】扦插除了要晾干伤口外，温度也是非常重要的，低于15℃的情况下是非常难生根的，除了一些较强健的多肉植物外，一个月甚至两个月都生不出根系。浇水方面可以根据多肉植物情况和环境情况而定，因为刚生出根系不会太多，浇水时少量即可，发现土面干透后立即补水，当多肉植物叶片饱满起来就可以接受日照了。

SHENG HUO ZHONG DE XIAO QING DIAO DUO ROU ZHI WU

别有萌趣的多肉礼物 ❯

有什么礼物能比得上自己种植一份别有萌趣的多肉植物送给朋友所带来的惊喜与感动了。结合不同的创意，还可以衍生出各种各样别出心裁的多肉礼物。

你可以做成花束，多肉植物集成的花束可以称之为"永恒之花"，是一种宁静而不喧哗的美丽，它们可以保持这样可爱的状态数周或者数月，之后它们的成长又会衍生出新的状态，带给你或者你的朋友另外的惊喜。你还可以走自然风、让多肉植物，空凤，青苔和平共处在一纸条上，就像是自然清新的森林文物。玻璃花房是多肉植物最好的饲养箱，随着时间推移，依然有着迷人的细节，让人愉快的精致感。壁挂式的玻璃容器中的多肉有着无穷的魅力。

多肉植物的组合盆景是一个非常有趣的过程，心想着如何结合大小颜色不同的多肉植物和不同器皿之间进行各种搭配，随着时间的推移，会愈发有趣，如果你浇水很仔细，各种精致容器都可以跟多肉进行各种组合。

• 无孔花器栽培——巧用生活杂物

日常生活杂货很多都可以用来当做多肉植物的花器。比如锅碗瓢盆、杯子、勺子、铁罐子、水壶、木箱子、咖啡纸杯、蛋壳等。而材质也是多种多样的，陶器、铝器、木器、不锈钢、玻璃、塑料、纸质品等等。

利用生活杂货既可以节省资源、废物利用，又可以让花友们的"多肉生活"多姿多彩。在扔掉一样东西前可以考虑一下是否还可以再利用。

可在长根之前把多肉放在盛有少量土的勺子上，等发根之后再移植到花器里。

SHENG HUO ZHONG DE XIAO QING DIAO DUO ROU ZHI WU

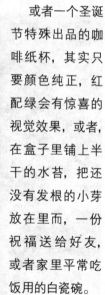

或者一个圣诞节特殊出品的咖啡纸杯，其实只要颜色纯正，红配绿会有惊喜的视觉效果，或者，在盒子里铺上半干的水苔，把还没有发根的小芽放在里而，一份祝福送给好友，或者家里平常吃饭用的白瓷碗。

其他可以利用的生活小杂货还很多，各种白

瓷杯子、铁艺小杂货、铝制酱油小钵等。

　　这些生活杂货的共同点就是大部分都是无孔容器。现在依然有很多花友们惧怕用无孔的花器栽培，烂根就是惧怕的原因。其实只要掌握好浇水的频度、量度以及其他技巧，是完全没必要担心的。而且对于家居装饰来说，无孔花器会比有孔的更加整洁干净，不会因为漏了一地的水而要打扫卫生。另外，相对于有孔的花盆来说，用无孔的生活杂货

做的花器，会更美观、更精致、更浪漫。那么，我们还等什么呢，开始行动吧!

　　在行动之前请准备好下面的道具和用土:浇水壶、盛土容器、镊子、小勺子、剪刀和不用的毛笔。浇水壶尽量选择细小口的。盛土容器可以自己制作，可以用塑料奶瓶做，一定要找好角度下剪子。小勺子用于精巧的操作，毛笔可以用来清扫叶片。准备的用土有轻石、赤玉土小粒和水苔，轻石通风透气，可以用作钵底石，防止根部腐烂。

● 无孔花器的多肉植物栽培步骤:

　　1. 准备好无孔花器。

　　2. 底部放入轻石，当作钵底石。

　　3. 再放入 1/2 左右的赤玉土。

　　4. 把作为主体的多肉先植入花器，确定位置。

　　5. 再把其他多肉也植入。

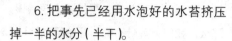

6. 把事先已经用水泡好的水苔挤压掉一半的水分（半干）。

7. 用镊子塞入花器中，以便固定娇小的多肉植物。

• 无孔花器的种植小技巧：

1. 根据要种植的多肉的高度，尽量不要选择太深的花器。也就是说浅一些、开口广阔一些的容器会更好。浅一些，可以防止浇下去的水因为花器太深而达不到根底部，以至于最底下的根吸收不到水分，而中部的根则一直泡在水里，容易烂根。开口广阔的容器，通风透气会比较好些。

2. 与有孔花器相比，在给无孔花器浇水后还有个必不可少的步骤。用手按住整个花器里的土，把花器 60 度倾斜，直到确认没有水再从花器里流出来为止。这是为了防止花器内积水，造成烂根。

• 个性DIY

多肉植物栽培容器的使用，是一个既简单又复杂的问题。说简单是因为任何一种器皿都可以当作养花容器来使用。各种材质（陶、瓷、铁、木、石、竹、塑料、玻璃等）、有底洞抑或无底洞、高级器皿（艺术器皿）抑或低端容器（生活中的瓶瓶罐罐），只要能放入土的，都可以当作花器来使用。如买来的花盆、自己做的陶器、咸菜瓶

陶花盆

子、茶杯、茶壶、洗发水瓶、饮料瓶、铁桶、竹筒、木碗、椰壳、葫芦、石臼等等，举不胜举。只要和植株搭配合理，任何器皿都可以用。

说复杂又真的很复杂。这牵扯到多肉植物爱好者对每种材质器皿的透气性和浇水尺度的把握，对器皿的高矮大小和多肉生长快慢及根系长短的把握，对不同颜色、材质、造型的器皿和植株搭配是否美观和谐等审美上的把握。

从透气给水方面来

91

说：陶器透气性好，是刚刚养多肉的朋友的首选。瓷器透气性差，要适当减少浇水频率。以大小差不多的陶盆和瓷盆为例，基本浇水频率是生长期陶盆半月3次、瓷盆2次。而铁盆、塑料盆等不透气，基本就是靠盆口的水分蒸发来完成干湿交替的循环，当然就更要拉长两次浇水的间隔。无底洞的器皿对给水有更高的要求，既不能让根长时间浸在水中，又不能每次都只给半截水，特别需要把握分寸。至于别的器皿，可逐一尝试搭配使用，未尝不是乐趣之一。

从根系和植株大小来说：一般个子高的植株当然要用深一点的盆，个子不高且根系不大的植株用浅点的敞口盆即可；就盆的大小来说，一般都要比植株稍大一些。比如植株整体直径约8厘米的，用口径10厘米或12厘米的盆比较合理，

个子高的植株

景天科植物

有利于植株的自然生长，太大的盆也没必要。喜欢组合盆栽的花友可根据使用的花盆大小来决定栽入的植株数量。

以景天和十二卷属品种为例，景天科的根系较之百合科的要稍微小一些，所以一般景天科植物对盆的高低没有太

92

多的苛求，而百合科十二卷属的植株相对来说却需要深一点的花盆来保证根系的充分生长。

从美观角度来说：用陶、瓷、铁、木、竹、石、玻璃等材质的器皿搭配同一种植物，因盆的材质、颜色不同，效果也不尽相同。多肉植物的主要特色就是观叶，观赏变化丰富的叶形与颜色。而生活中的器皿本身的质地和颜色也是丰富多彩的，所以搭配起来要花费一点心思。但不管怎样，一件器皿既然被当作花器来使用，便是为了突出植物、配合植物，为了衬托和承载植物而存在的。

在器皿和多肉植物的色彩搭配上可以有这样的选择：

1. 花器的颜色要和植物有所差别。这里包括色相（色彩）的差别、纯度（色彩饱和度）的差别和明度的差别。唯有形成这样的差别，才能更好地衬托多肉斑斓的色彩。

2. 用过于花哨的器皿当作景天花器，会有点喧宾夺主。

3. 碎花的器皿不用来种小叶子的植物。

4. 白、灰、黑等无彩色器皿和低纯度器皿是泛用型，本色陶盆更是百搭盆。

5. 偶尔也会用鲜艳的器皿和植物形成鲜明的对比。

另外，喜欢多肉的朋友们，一般都会有收集品种的嗜好，基本不会只养一盆两盆，几十盆上百盆也是小意思。可并不是每一位花友都有很大的院子、露台供它们"居住"，所以如果批量养护同一科属植物的话，不妨小范围使用同一款盆器，既节省空间，又显得美观整齐。

总之，对多肉植物而言，没有不好的色彩和材质的器皿，只有不好的搭配，任何颜色、形状、材质的器皿都可以搭配出美丽的植盆组合，下次给多肉翻盆的时候，不妨给自家的多肉植物们搭配一个舒适美丽的住所。

 春夏秋冬各不同

春天：是大部分多肉植物的成长期，请充分给予日晒以栽种出健康的植物。到了樱花盛开的时期，正是适合移植的温度，请在这个时期进行，并在梅雨季前完成。由于梅雨季容易缺乏阳光，请多注意日照，控制浇水量，放在通风良好的地方照顾。

夏天：大部分的人误以为这个时期是成长期，但对于多肉植物来说，其实是最为艰辛的时期。由于我们属于高温多湿的气候，所以尽管是合宜的温度，但对于故乡在干燥地带的多肉植物来说，确实非常煎熬的季节。请尽可能摆放在通风良好的地方，照顾时要控制水分，让植物休息。

秋天：温度下降，植物也开始恢复精神。由于也是成长期，请比照春天的培养方式。从这个时期开始转换红叶。请让会变红叶的植物品种充分日晒，静待其转变成漂亮的颜色。

冬天：温度下降，大部分的品种进入休眠期。0℃以下的温度会让多肉植物体内的水分冻结，导致枯萎。请注意夜晚的室温。只要有做好夜晚的保温措施，纵然不会有太大的成长，还是能在窗边欣赏植物的美丽姿态。

● 千姿百态的韵味——多肉植物的盛宴

如果你愿意缩小到蚂蚁那么大小，可以在这奇异的世界倘佯，那里多甘露，多奇幻，圆满你童年想象的梦还咀嚼这些美丽的名字，什么叫口齿留香，什么叫回味隽永。让你以为走进奇异世界的多肉植物馆。

沙漠中的奇迹——仙人掌 〉

生长在极端恶劣的气候之下，仙人掌类植物先天就有着各种奇异的造型。由于对干旱高温天气的适应，仙人掌的叶子都进化为短小的刺，不但可以减少水分的蒸发，还能防止动物的蚕食。为了储存足够的水分，仙人掌的茎部演变成肥厚的肉质形状，以柱形、球形和掌形为主，很多荒漠中的行者会将仙人掌茎的顶部切去，吸取其中的水分用于解渴。

人文传承墨西哥国花：墨西哥有"仙人掌之国"的名称。仙人掌是墨西哥的国花。相传仙人掌是神赐予墨西哥人的。仙人掌有"沙漠英雄花"的美誉。仙人掌类植物全世界有2000多种，其中一半左右就产在墨西哥。高原上千姿百态的仙人掌在恶劣环境中，任凭土壤多么贫瘠，天气多么干旱，它却总是生机勃勃，凌空直上，构成墨西哥独特的风貌。什么病虫害虫都别想侵害它。它全身带刺，具有顽强的生命力，坚韧的性格，有水、无水、天

墨西哥仙人掌

餐馆，展售各种仙人掌食品。

很久以前，太阳神为了帮助居无定所的墨西哥人祖先阿兹台特人定居，给他们指示：只要见到老鹰叼着蛇站在仙人掌上，就在那个地方落脚。他们根据指示来到一个湖边，当走进湖中央的岛屿时，神谕果然出现，人们便立刻在此长居，并建造了墨西哥城。多年之后，墨西哥人以此传说制定了自己的国旗和国徽——这大概就是墨西哥"仙人掌之国"的来历。在全球范围内，南美洲墨西哥的仙人掌种类最为丰富，是仙人掌主要原产地；其次是亚洲的日本，在17世纪引入之后，开始进行园艺栽培。当大部分多肉植物抵挡不住烈日酷暑，纷纷开始休眠停止生长之时，生性更加坚强的仙人掌类植物却能照常生长，甚至还会开出美丽的花朵，最为适合这个夏天种植。

热、天冷都不在乎，在翡翠状的掌状茎上却能开出鲜艳、美丽的花朵，这就是坚强、勇敢、不屈、无畏的墨西哥人民的象征。为了展示仙人掌的风采，弘扬仙人掌精神，每年8月中旬都要在墨西哥首都附近的米尔帕阿尔塔地区举办仙人掌节。节日期间，政府所在地张灯结彩，四周搭起

花笼

其他种类混淆起来的。在 1991 年新品种被发现之前的 60 年里，这个家族始终只有一名成员，因为形状就像古代阿兹台特人的石雕工艺品，它的属名被命名为 Aztekium，新近发现另一种花笼，命名为欣顿花笼，因此也有人把花笼称之为老花笼。

花笼属于类球型仙人掌，个体很小，球体直径很少超过 5 厘米并且高度比较低矮，具有 9 至 11 条较丰满的肋

- 花笼, 史上生长最慢植物

花笼，又名皱棱球，为仙人掌科皱棱球属的多肉植物，分布于墨西哥东北部 Nuevo Leon 的一个小山谷（Rayones 山谷）中。植物生长于布满石灰岩质石块的陡峭石壁上。也曾有记录显示与上述地点类似的其他陡峭石膏质地表有该植物分布。比起阳光相对充足的南坡，花笼似乎更偏好相对遮阴的山体北坡。花笼生长极其缓慢（大约每年仅 1 毫米），花笼的外观非常特殊，通常不会与

棱。肋棱由上至下横向贯穿着数量众多的沟纹。在主肋棱之间具有小型的副棱，高度大约达到植物体的一半，与其他已经适应非常干燥条件的仙人掌植物不同，花笼没有发达的、可存贮水分的粗壮根。幼年植物颜色偏重灰黄绿色，低矮的成年植物逐渐变为灰绿色。花笼的棱脊和顶部长着微小的绒毛，这些绒毛沿着棱脊的中心线生长，而在棱脊与棱脊之间所横延着的小棱脊上不长绒毛。当花笼的体积达到最大限度后，就会缓慢地发育侧枝，通常会在

大型植株的周围发现小型的侧枝出现群生现象。

刺：1至3根，刺弱小，通常在刺座还幼嫩的时候就会脱落。成年刺座会沿主肋棱的中央排列成一条大致的连续线。

花朵：植物顶端开放小型花朵（花朵宽度小于10毫米），白色至粉红色，并且花瓣的背侧通常具有一条颜色较深的中心线，花朵从球顶部的绒毛中开出，有6个萼瓣同时开放，花朵的管束很长。有报道说花笼的花朵具有香味。园艺栽培中，花笼在整个夏季月份期间都可以随意地开放花朵。花朵凋谢后会结出粉红色的小型果实，当其成熟时会裂开散落出其中的细小种子。

种植养护：花笼生长极其缓慢，可能是全仙人掌科植物中最慢的。植物需要排水良好的土壤，并且在夏季需要周期性浇水。在其冬季休眠期间，植物需要彻底干旱以及完全干燥的环境，在此条件下它可以短期抵御气温低至−4℃的气候。植物偏好一些遮阴。一旦花笼可以依靠其自身的根系在某种环境中生存，随后的栽培中就不会有太大的困难，但是因其数量稀少，目前较难见到。

繁殖方式：花笼通常通过种子繁殖，种子质量极佳并且容易萌发，但苗期的管理难度非常大，新鲜萌发的幼苗在最

花笼

初的两个月内对环境非常敏感，幼苗中的大多数会腐烂，之后将其培育到成年植株的过程是十分困难的。通常人们通过嫁接等手段来促进其生长速度。很多情况下，嫁接会促使植株违反自然形态发育，花笼会有过度肥胖的倾向并且相对实根生长的植物会更容易产生侧枝，嫁接植株通常会在植物体高处的刺座上发育侧枝，而不是地表高度的刺座。花笼球体常坚硬少汁，嫁接时，球的截面很难与接木结合牢，并且花笼的维管束很细小，要求非常仔细地与接木对齐并捆扎牢，嫁接的成功率远低于其他种类。因此无论采取何种方法，能够成功地让那些嫁接的长出其自根的种植者，可称为养殖高手了。

 仙人掌花语

　　仙人掌的花语是 ——外表坚硬带刺，
内心相当甜蜜；坚强、刚毅的爱情；温暖；
暗暗隐忍的坚强，仙人掌隐藏的花语是——
得不到的爱。

景天科的独特魅力 ＞

在多肉植物的世界里，景天科的植物拥有其独特的魅力，不管是色、形还是花，甚至名字都有着独特看点。它夏秋季开花，表皮有蜡质粉，是典型的旱生植物，无性繁殖力强，只用叶子种植就能生根，品种繁多，无需大量水肥，所以很适合园艺爱好者种植，所以景天科多肉不仅在网上走红，更在网下热销。

奇形美姿：说起景天科植物的形状，可以称得上是微观世界里的万花筒。只要你仔细打量就会发现，这些迷你植物原来有那么多的造型，有的像

莲花，有的像米粒，既无比奇特，又萌死人不偿命。

繁花似景：大部分的景天科植物都是夏秋季开花，也有个别是冬季开花。而它们的花朵也同样十分的迷你，但就色彩和外观甚至香味来说，则丝毫不逊色其他花卉，景天科多肉从花苞酝酿到开花往往需要相当长的时间，从含苞欲放到一树"梨花"，总会有惊喜带给你。

多彩绚丽：说到色彩，景天科的植物也同样非常丰富。除了绿色之外，还有不少密被白色绒毛的品种，如蛛丝卷绢等。此外，深红色或是其他色彩镶边的品种也让景天科的植物世界呈现出

缤纷色调。如黄丽、火祭、紫牡丹等，给予适当的光照，其品相色泽愈发迷人。

美名动听：面对那么多盆品种各异的植物，我们总会忍不住想问："它叫什么名字？"静夜、花月夜、小红衣、火星兔子、虹之玉、星美人、子持莲华……这些学名或诗意，或趣味，都十分贴切而又极为形象，这也给喜欢和收集景天科植物的朋友们带来了更多的快乐。

粉叶草属

• 仙女杯属，其美若莲

仙女杯属，又称粉叶草属，是景天科里的一个属，包含 3 个亚属，共有约 100 个种和亚种。威廉·罗素·杜德利命名了这个属，他曾任美国斯坦福大学植物学系的植物学家。它们全部原产于北美洲西南部沿海及其岛屿、海岸山脉和沙漠。几乎所有的品种都有呈莲花状的肉质叶片，因为这些有趣的特点，在适宜的气候下仙女杯很适合盆栽或是用来装点花园。仙女杯属多肉多汁，叶片无毛，生长在莲座基部，叶片通常在颜色从绿色至灰色，因为它们的叶子"白里透绿"，所以更加的别有风味。花梗在直立时有时会高达 1 米，花瓣和萼片都较小，花瓣基部重叠 5 瓣，5 雌蕊聚集在里面，有 10 个雄蕊分别围绕着它们。仙女杯属通常生长在岩壁里、崖面上或公路两边。

仙女杯是很适合爱好者研究和收集的一类植物。不幸的是直到如今它们都被

黄丽

105

大大忽视。有些稀有品种，不管是植株还是种子都很难获得，这点也许会吸引珍稀植物爱好者的兴趣。相关的文献非常稀少而且大多都是过时的。有很多工作还有待植物学家去完成，包括细化分类，准备更有用的图文资料。对于科学家，仙女杯还很值得研究其进化历程。

　　对有兴趣了解仙女杯的初学者而言，有些东西是很有必要搞清楚的。首先要对仙女杯这个属所包含的3个亚属有一个整体的概念，然后是它和景天科的关系。如果想进一步深入，可以思考这些问题：它们是由什么样的品种进化而来

的，怎么到达现在的栖息地？植物学家们相信，仙女杯现在的栖息地和远古时期相距甚远。初学者有必要看到尽可能多品种的活物。这是了解这类迷人植物的最佳方式。如果有些品种实在是搞不到，就只有依赖于高品质的图片了。

　　仙女杯为景天科中很特别的一个属，株型莲座、身披白霜、亭亭静直、不蔓不枝，其美若莲。深受现在多肉爱好者所追捧，前段时间微博更有仙女杯的普及推广活动——仙女杯播种大赛。

仙女杯

串钱景天

• 星乙女，星空下的少女

星乙女，又名串钱景天、串线景天，为景天科、青锁龙属多肉植物。星乙女原产南非，多年生肉质草本，植株呈亚灌木状，高约 60 厘米，丛生，具细小的分枝，茎肉质，以后稍木质化，肉质叶灰绿至浅绿色，交互对生，卵圆状三角形，无叶柄，基部连在一起，幼叶上下叠生，成叶上下有少许间隔。叶长 1.5–2.5 厘米，宽 0.9–1.3 厘米，叶缘稍具红色，在晚秋至早春的冷凉季节，阳光充足的条件下更为明显。花白色，4–5 月开放。喜温暖、干燥和阳光充足环境。不耐寒，耐干旱和半阴，怕水湿。生长适温 18℃–24℃，冬季温度不低于 10℃。星乙女 具有冷凉季节生长，夏季高温休眠的习性，为多肉植物中的"冬型种"。每年的 9 月至第二年的 4 月、5 月为植株的生长期，若光照不足会使植株徒长，叶与叶之间 的上下距离拉长，使得株型松散，叶缘的红色也会减退；而在阳光充足之处生长的植株，株型矮壮，茎节之间排列紧凑。宜肥沃、疏松和排水良好的沙质壤土。同属近似种有舞乙女、半球星乙女等。星乙女点缀窗台、书桌或者案头，层层相叠的叶片异常新奇，给居室环境带来自然的风采。

选购要领：1.选购星乙女，要求植株矮壮、匀称，分枝多，浅绿色，株高不超过15厘米。2.叶片三角状肉质，对生，浅绿色，边缘具红色，无缺损，无病虫

107

危害。

入户处理：刚买回的星乙女，摆放在阳光充足的窗台或阳台，不要摆放在过于荫蔽和通风差的场所。浇水不需多，盆土有潮气即可。夏季高温干燥时，适当遮阴，向叶面喷雾。冬季需摆放在温暖、阳光充足处越冬。

星乙女

• 长生草属万代生

长生草属隶属于景天科，该植物生命力之顽强日本曾用名"蜘蛛巢万代草"。本属原来仅40余种，原产中南欧、北非高加索和小亚细亚（东亚），分布地区还包括北美加拿大，亚洲中国、日本、缅甸、印度等地区的山丘地带。经多年杂交育种，目前栽培上有250个品种。

长生草属为株体小巧的高山性多肉植物，由小型肉质叶片密集结成标准的莲座状，部分种类有夏季休眠习性。开色彩多样的星状小花。主要生长期在冷

凉季节，适合温室栽培，喜阳光，但盛夏季节应做好通风降温工作，并节制浇水，避免潮湿闷热。栽培用土宜选用通透性良好、有适量腐殖质的土壤。性耐寒，2℃以上温度条件下可安全越冬。可用播种、分株、扦插繁殖。

长生草属形态特征：植株呈低矮的丛生状，多年生肉质草本；叶较厚，多为莲座状轮生，因此爱好者们常称为佛座莲或观音座莲。莲座紧凑，其直径从3厘米一直到15厘米以上，与莲花掌属相似并最为近似。肉质叶匙形或长倒卵形，顶端尖，叶表面被有白粉或多毛，叶色依品种不同从灰绿、黄绿、深绿到红褐色的都有，叶顶端的尖有绿色、红色、褐色或紫色，其大小也不一样，叶缘具细密的锯齿。小花星状，红色或粉红色。

长生草属生长习性：宜阳光充足和

长生草属

108

凉爽、干燥的环境，除夏季高温时要适当遮阴，避免烈日曝晒外，其他季节都要充分见光，虽然在半阴处也能正常生长，但对于一些叶尖不是绿色的品种，其叶尖的颜色容易减退，影响观赏。较耐寒冷，冬季节制浇水，能耐 2℃的低温。春、秋季节生长期保持盆土湿润，但不能持续积水，每 2-3 周施一次腐熟的液肥，肥水宜淡不宜浓，特别是氮肥含量不能多，否则会造成植株徒长。夏季高温期，长生草有较长的休眠期，应稍遮阴，注意通风、降温，保持盆土适度干燥，防止因闷

热、潮湿引起的植株腐烂 。本属十分耐寒，对高温敏感，栽培中要注意空气流通，夏季易腐烂。土壤下层宜腐质土，上层宜沙土，微酸性。繁殖用走出枝条萌生的子株，叶插也十分容易，杂交极易获得种子。注意不要从植株顶部浇水，否则丝

长生草属

状毛会消失，影响观赏价值！

长生草属植物的发现和与其他属的区别：长生草属是一类在高山生长的多肉植物，外形很像莲花掌，据说在公元1世纪的欧洲，就有人发现了长生草植物，它耐寒性强，生长在海拔4000—5000米的山上，被人们当作青苔抛在房顶和院子的岩石中间，凭着它们顽强的生命力，茁壮生长，而且在秋天，它们叶子能够变成各种红色，异常美丽！

20世纪，众多栽培者开始对这类植物感兴趣，纷纷栽种在自己的花园里，成为很受欢迎的一类观赏植物，并逐渐从欧洲扩大到各个国家，二战以后，日本发现长生草植物已经相当混乱了，而且受到商业操作，几乎找不到原始品种，于是他们再度从原产地引进大量原种，恢复相当数量的品种，使得卷绢植物又再次受到大家的重视，重新焕发了它的观赏魅力。

根据记载，我国川滇、台湾也是长生草植物的分布地区，它们和低矮的景天植物混生在湿润温暖的山脉。现在这些品种很多无法考证，有的品种已经被归并到景天或石莲属中了。

从植物形态上看，长生草属和很多属十分近似，区别主要在于它们的花，一般它们花朵顶生，在植株群生后，才会开花，开花后老株死亡，幼株从老株基部生长出来，形成新的植株。一些并没有走出枝而植物较大型的种类，现在都归并在莲花掌属内了。

观音莲

• 观音莲座

　　观音莲学名隶属于景天科，长生草属，是长生草属的经典品种，因此别名又有长生草、观音莲、观音座莲、佛座莲。观音莲座是一种以观叶为主的小型多肉植物，价格便宜，容易抽生出分身，是比较普及的多肉植物之一。其株形端庄，犹如一朵盛开的莲花，发育良好的植株在大莲座下面会着生一圈小莲座，此外每年的春末还会从叶丛下部抽出类似吊兰的红色走茎，走茎前端长有莲座状小叶丛。

　　生长习性：观音莲长生草原产西班牙、法国、意大利等欧洲国家的山区，喜阳光充足和凉爽干燥的环境，为高山多肉植物，夏季高温时和冬季寒冷时植株都处于休眠状态，主要生长期在较为凉爽的春、秋季节，生长期要求有充足的阳光，如果光照不足会导致株形松散，不紧凑，影响其观赏，而在光照充足处生长的植株，叶片肥厚饱满，株形紧凑，叶色靓丽。观音莲座是相当好伺候的多肉植物，只要通风，不长期雨淋，爱怎么浇水怎么浇，爱怎么晒太阳怎么晒，坚持一个原则，浇透水后要及时晾晒干，干透了也要马上补充水分，那样就万事大吉了，但也不能过于干旱，否则植株虽然不会死亡，但生长缓慢，叶色暗淡，缺乏生机。

111

肉锥花属

不可或缺的番杏科 >

番杏科是多肉植物中最大也是最重要的科。全科120属2000余种,大部分产于南非。所有种类都具有肉质叶,很多种类无茎,有茎品种植株呈小灌木状或藤本状。叶互生或对生,形状多变,叶面叶缘带毛,有的叶端透明,还有的叶面或叶端有石细胞组成的疣点。花辐射对称,多为两性花,少数为单性花,花腋生,单生花或聚伞花序,花瓣数量多,色彩丰富。花萼有萼片5片(3-8片),萼片基部通常会相互结合。无真正的花瓣,不过有些种类有由退化雄蕊瓣化而成的线形花瓣。果实为蒴果,每一室有一或多个种子遇水会打开释放出种子。

番杏科常见的各属如下。

1.肉锥花属:全属400种左右,主要分布在南非和纳米比亚的石砾沙漠中,植株非常肉质,常无茎。肉质叶球形或倒锥形,顶面有裂缝。从侧面看有球形,鞍形和铗形。一般来说铗型种习性最强健。花从裂缝中开出,花期9月到来年5月,花径0.8-3厘米,白、黄、粉、紫、红等各色都有。

虾蚶花属

2.生石花属：约75种，产于南非。植株矮小，非常肉质化。有一对连在一起的肉质叶，顶面中央有裂缝，裂缝比肉锥花属深而且长，叶顶部截面比肉锥花属大得多。叶表皮硬，色彩多变，特别是顶端截面有各种颜色的花纹和斑点，有些种类顶部透明。为了免遭食草动物的啃噬，生石花属植物会把自己装扮成毫不起眼的碎石。

3.虾蚶花属：约95种，产于南非。番杏科虾蚶花属植物。别名虾的花。产于南非开普省。高度肉质的多年生草木，对生叶1–2对，通常是2对。两对叶的形态有所不同，下面一对横向伸展，上面一对垂直向上；下面一对较短，上面一对较长。株形奇特，叶的颜色素净高雅是小型盆栽佳品。在高度肉质的番杏科小型多肉植物中，虾蚶花属是仅次于肉锥花属和生石花属的一个重要属，植物园和多肉植物爱好者都应注意收集栽培。

4.露草属：产于南非。为多年生肉质草本或亚灌木，匍匐茎，心形叶对生，花紫色。

5.银叶花属：约50种，产于南非。植

鹿角海棠属

株小型, 由非常肉质化的对生叶1-2对组成, 白色或淡灰绿色, 无斑点。花大型, 黄、红、紫、粉各色都有。

6.鹿角海棠属: 仅2种, 产于西南非。小灌木, 新月形肉质叶交互对生, 基部联合。花白色或粉色。

7.露子花属: 约120种, 产于南非。多年生肉质草本或亚灌木, 叶肉质, 具3棱, 腹面有肉质小疣。茎较长分枝多, 叶对生, 肉质。花单生或7-8朵集生, 具短梗, 花小花色多。

8.肉黄菊属: 约30种, 产于南非。肉质叶十字形交互对生, 腹面常具齿或颚状突起, 叶缘常具粗毛。株形美观。花大3-4厘米, 为黄花。

栽培容易, 夏休眠, 除冬季外应适当遮荫, 繁殖用分株或播种。

9.棒叶花属: 本属仅2种, 产于南非。非常肉质化的棍棒形叶, 密集成丛, 顶端透明。花黄色或白色。

10.光玉属: 仅1种, 产于南非。株形和叶形似棒叶花属, 叶顶端截形, 透明。花深红色有白心。

11.驼峰花属: 约23种, 产于南非。植株由1对肉质叶联合成卵圆形或近球形, 顶端具鞍形缺刻, 将植株分成相等或不相等的两半。花黄色。

12.龙骨角属: 约33种, 产于南非。丛生, 茎极短。肉质叶交互对生, 叶下端近筒形, 叶端呈龙骨状并有尖, 叶面有很多半透明的小点。花数朵聚生, 初黄色后

露子花属

变粉色。

13.日中花属: 100多种，产于南非，一年生或多年生，匍匐或直立草本，有时成半灌木。叶通常对生，稀互生，叶片常厚肉质，三棱柱形或扁平，全缘或稍有刺。花两性，白色、红色或黄色，多单生茎端或叶腋，有时成二歧聚伞花序或蝎尾状聚伞花序；花萼多5裂，裂片常叶状，不整齐；花瓣（退化雄蕊）极多，线形，1或数轮。

天女属

14.生石花属: 约350种，产于南非。高度肉质化，对生叶连在一起，顶部有较长裂缝，表皮色多为米色、棕色、灰色或红褐色等，常具斑点状或枝状花纹，有

日中花属

些种类叶顶端有透明的"窗"，花单生，黄、红、白各色都有。

15.快刀乱麻属: 约3种，产于南非。丛生小灌木，具短茎。也对生，基部联合，单叶稍侧扁，外缘龙骨状，叶尖2裂。黄花。

16.天女属: 约10种，产于南非。莲座状小型株。叶匙形，顶端明显增粗呈三角形，淡绿色带淡红色小疣。黄色小花。

17.仙宝属: 约35种，产于南非。小灌木。对生肉质叶，卵圆形，叶端簇生短刚毛。花以红色为主。

18.舌叶花属: 约55种，产于南非。多年生肉质草本。植株匍匐，对生叶排列紧密或叠生，单叶舌状，绿色。花黄色，无苞片。

多肉植物栽培误区

多肉植物到处萌翻人，难免有不少人在还不了解多肉植物特性或者一知半解就匆匆上阵，于是在种植多肉的过程出现了点问题。掌握多肉植物的栽培要点，走出多肉植物的种植误区，对日常养护工作意义重大，以下是多肉植物种植的几个误区。

"喜干燥环境"一说：由于原产地气候环境因素使某些品种非常耐干旱，有人便不分青红皂白一直不给植株供水导致萎缩、死亡。这里有一点不能忽略：这些多肉植物品种在原产地每年会有一次集中降水来满足它对水分的需求。现在把它们盆栽后，由于根系生长受到影响，不及时供水就会对生长不利。有些爱好者模仿原产地的降水即在生长期进行大水灌溉，植株依然生长良好。这里还要说明的另一点就是生长期的空气湿度也是很重要的，此阶段的空气湿度最好偏湿润点。总的来说要区分好生长期和休眠期、冬型种和夏型种。

"阳光充足"一说：只知多肉植物喜光，便不管三七二十一都去晒太阳，一年四季亦是如此。其实光照应该按照不同

肉植物的介质和煤渣种植多肉的优缺点。

"畏寒"的说法：满心欢喜地把心爱的"多肉植物"搬回家，冬天未到就匆匆加上保暖设备，殊不知严格意义上来说，做好多肉植物的"秋冻"比保暖措施更有意义。一般而言10℃时大多品种可不必担心，多肉植物并不是温室里的花朵，无须过分爱苗心切。

品种需求度、植物的生长周期、季节变化而行。如果是休眠期，光线就不能太强；盛夏期间就要适当遮阴，生长期就要保证一定光照，最好是间接光或散射光，归根到底是要把握分寸。

以上只是一些多肉植物种植广义上的概念，随着在种植过程中，对多肉植物的更加深入了解，相信你也会总结出适合自己的一套种植方式，走出多肉植物种植误区，只有这样，才能真正养好多肉植物。

"沙壤土"的含义：这是一个广义上的概念，不同品种对土壤要求不一样，但绝不是黄沙可通用的，相反有些品种原产地的土壤还相当肥沃。这里的沙壤土是混合黄沙和壤土的基质，应同时具备透气佳、排水好、适当供肥的功能。壤土也可用其他有机介质代替，如泥炭、腐叶土、木屑等。沙也可用一些轻质材料代替，如椰糠、蛭石、直径在0.5厘米左右的窑土等。简单地说，其土壤配制要掌握有机和无机结合的原则，做到比例合理，可以参考适合多

肉锥花属

• 小而俏的肉锥花属

肉锥花属隶属于番杏科，全属有400多种，绝大多数品种产于南非，喜凉爽干燥和阳光充足的环境，怕酷热，怕水涝，耐干旱，不耐寒冷。

肉锥花属品种繁多，形态也有一定的差别，共同特点是植株小巧，无茎，根上面直接长有一对非常肉质的对生叶，叶形有球形、倒圆锥形，其下部联合，浑然一体，顶部有深浅不一的裂缝，颜色通常为暗绿、翠绿、黄绿等色，有些品种叶片上还有花纹或斑点。肌体表面或平滑或有细微的乳状突起，点线模样的色彩每种都不相同，拥有千姿百态的"表情"，而浇水后球体膨胀"表情"又会一变，非常有趣。

肉锥花属花从叶顶的裂缝中长出，直径0.8-3厘米，花色有白、黄、橙、粉红、红、紫红等，花期秋、冬两季，通常在天气晴朗、阳光充足的白天开放，傍晚闭合，若遇阴雨天或栽培场所光线不足则很难开花。此外还有芳香品种和夜晚开放的

品种。

肉锥花属和同为番杏科的生石花属在形态上有点类似，初种植者往往误将此当成同一品种。其实区别的方式非常的简单，肉锥花一般都是绿色的，而且大多没花纹，或者花纹不明显，生石花的体态和石头差不多，颜色和石头相似。

肉锥花属夏怕湿热、冬怕寒冷，生长期短促，生长慢，繁殖相对较困难，在我国大部分地区都不易种好。但这一类型种类多，形态奇特，对初入门的多肉爱好者有很强的吸引力。因此也比较受到欢迎。

肉锥花的品种很多，从肉质叶的侧面看大致可分为三类：1. 鞍形，其裂口不明显，仅在顶部中央有一很短的浅沟，成为球状、扁球状或陀螺状的植株体。主要品种有清姬、雨月、小纹玉等。2. 球形，裂口较明显，宽而不深，两边凸起部分比较圆钝。主要

有群碧玉、口笛、阿多福等品种。3. 铗形（剪刀形），裂口较深，两边耸起较高，而且多为圆锥形。主要有少将、舞子、小公主等。

肉锥花属

碧光环

• 碧光环，萌兔子

碧光环，为番杏科碧光环属多肉植物。原产南非，是一种受季节性的干旱引起落叶，常见的土生土长的南非干旱地区的持久性多肉植物。叶子呈半透明富有颗粒感，非常可爱。而且具有枝干，群生。许多人第一次看见碧光环这个多肉植物就被彻底萌翻。尤其是小时候，圆圆的脑袋，两只长耳朵长出来，简直就像是一群兔子。夏天种下一只小兔子，到了秋天收获一花盆的小兔子！

碧光环是一个季节性的落叶树种，它的茎叶结构就像短支与串珠的结合，叶子像意大利面条一样的绿色，在充分的阳光照射下，会变成红色。叶片上的闪闪发光的小珍珠是实际上碧光环的细胞的一种结构用来储藏水分，这是体内含有丰富的糖类的多肉植物的特性，这些细小的"珍珠们"可以保证萌兔子在极端干燥的环境中挺过几个星期。碧光环同时还有另外一个特色，拥有两种不同的叶的形式，一个是又长又尖的"兔耳朵"，还一个在兔耳朵下方非常矮小有点类似于叶鞘的样子，下端的叶子的存在不管是在休眠季节或者是完全生长的季节很好地保护和支持上端的叶子的生长。

栽培要点：碧光环比较容易生长，喜排水良好的土壤，生长季节，在北半球是于9月至翌3月，夏天休眠，通常在冬天后会新长出许多绿叶。生长旺季避免强烈的直射光，因为碧光环对温度比较敏感，温度太高了就会慢慢地黄了，并且要休眠的样子，注意半日照就可以，温度超过35℃就会整个植株慢慢枯萎，进入休眠。休眠期碧光环不用水分，大家这个时候千万不要认为它们是死了，植株会剩下黄豆大点，枯枯的，放在通风阴凉的地方就可以安全度夏了。到了9月底温度下降，就可以再次恢复生长。

繁殖方式：碧光环适合扦插和播种，扦插的时候要注意部位应该保持完整，应当种下一个小兔子，而不是只是一个兔耳朵。

碧光环

• 妙趣横生螺旋麒麟

　　螺旋麒麟为大戟科大戟属多年生肉质植物，植株无叶、肉质茎圆柱形，具三棱、呈螺旋状生长，既有顺时针方向螺旋，又有逆时针方向螺旋。茎表绿色，有不规则的淡黄白色晕纹，棱缘波浪形，上有对生的锐刺，新刺红褐色，老刺黄褐至灰白色。小花黄色，着生于肉质茎的顶部或上部。另有斑锦变异品种"螺旋麒麟锦"，植株上有不规则的黄色斑块，观赏价值较高。

　　生长习性：螺旋麒麟原产于非洲南部，宜温暖、干燥和阳光充足的环境，不耐寒，耐干旱，稍耐半阴，忌阴湿。4-10月的生长期给予充足的光照、盛夏高温时可稍作遮光，以防因烈日曝晒而导致的表皮灼伤，如果通风良好，也可不遮光，注意防止空气过度干燥，以免造成红蜘蛛危害，但土壤不宜过湿。生长期浇水做到"干透浇透"，避免盆土积水，否则会造成烂根，但如果盆土长期干旱，也会使植株生长不良，甚至枯干死亡。每20天左右施一次腐熟的稀薄液肥或"低氮高磷钾"的复合肥。冬季放在室内光线明亮处，如果最低温度不低于10℃，并有一定的昼夜温差，可适当浇些水，使植株继续生长，但不必施肥；若

121

节制浇水，使植株休眠，也能耐5℃的低温。每1-2年换盆一次，盆土要求疏松肥沃，排水透气性良好，含有适量的石灰质，并具有较粗的颗粒度的沙质土壤，可用腐叶土2份、园土1份、粗沙或蛭石3份的混合土栽种，另加少量的骨粉等石灰质材料。

繁殖方式：螺旋麒麟的繁殖可在生长季节剪取健壮充实的肉质茎进行扦插，插穗每段长5厘米左右，注意清除伤口处流出的白色浆液，并晾几天，等伤口干燥后插于粗沙或蛭石中，将花盆放在通风良好的半阴处。保持土壤稍湿润，

螺旋麒麟

3-4周可生根。也可用同属中长势较为强健的霸王鞭、帝锦等作砧木，以平接的方法进行嫁接，嫁接后的植株放在通风良好的地方，伤口不要进水，更不能雨淋，约7-10天伤口愈合，半月后可进行正常管理。对于出现斑锦的植株，可将斑锦色彩纯正艳丽的那部分肉质茎切下嫁接，等其长大后，将顶部的生长点破坏，就会萌生很多小的螺旋麒麟，在它们当中会出现斑锦块更大的植株，甚至纯黄色的植株，可将其取下，单独栽培，这样经过不断的选育，就能培养出色彩纯正靓丽的"螺旋麒麟锦"了。

螺旋麒麟形特色：螺旋麒麟形态奇特，螺旋生长的肉质茎在各种多肉植物中独树一帜，盆栽观赏，玲珑可爱，效果独特。"螺旋麒麟锦"稀有名贵，除盆栽观赏外，多肉植物爱好者还可作为品种收集栽培。

霸王鞭

• 泷之白丝，剑丝缠绕

泷之白丝为龙舌兰科、龙舌兰属多肉植物，肉质叶呈莲座状排列，平展或放射状生长，叶盘直径可达 70~100 厘米；叶片基部较宽，硬而直，近线形或剑形，叶面有少许白色线条和光滑的角质层，叶尖有长 0.7~1 厘米硬刺；叶色浓绿，叶缘有角质，每隔一段距离生有细长而卷曲的白色纤维。

生长习性：泷之白丝原产美洲热带地区，喜温暖、干燥和阳光充足的环境，耐干旱，不耐阴，怕积水，有一定的耐寒性。具有温暖季节生长，寒冷季节休眠的习性，为多肉植物中的"夏型种"。4 月中旬至 10 月中旬为其主要生长期，应给予充足阳光，若光照不足会造成泷之白丝株型松散，叶质变脆，叶缘白色纤维稀少，这些都会降低泷之白丝的观赏价值，而且一旦出现这些状态，植株很难恢复到原有的品貌。此外，长期放在光照不足处养护的泷之白丝亦勿突然放到烈日下暴晒，以免强烈的直射阳光灼伤叶面，留下难看的疤痕。平时浇水掌握"不干不浇，浇则浇透"，避免盆土积水，以防造成烂根，严重时甚至整个植株都会烂掉。泷之白丝在空气湿润的环境中生长良好，生长期如空气干燥，可向植株喷水，以增加空气湿度，使叶色清新润泽。生长期每 15~20 天施一次腐熟的稀薄液肥或"低氮，高磷、钾"复合肥。夏季高温时环境注意通风良好，避免闷热、

龙舌兰科

123

潮湿，冬季放在室内阳光处，控制浇水，不低于5℃泷之白丝即可安全越冬。

生长健壮的泷之白丝在每年3月底至4月初换盆，盆土要求疏松钙质、有一定的颗粒度。可用腐叶土或草炭土3份、粗沙或硅石2份配制，并掺入少量骨粉或贝壳粉等石灰质材料；也可用赤玉土等人工合成材料栽种。换盆时将腐烂、老化的根系剪去，保留健壮的新根，用新的培养土栽种，栽培中若发现生长季节植株突然生长停止，叶片发皱，可能是根系已损坏，应及时翻盆将腐烂的根剪去，晾两三天，待根部伤口干燥后，重新上盆。

龙舌兰科

繁殖方式：泷之白丝常用分株法繁殖，可结合春季换盆进行。将母株旁萌发的侧芽瓣下，有根的直接上盆，无根的晾2天后上盆；也可在生长季节掘取泷之白丝母株旁生长健壮的芽上盆，易成活。对不生侧芽的植株，可破坏顶部生长点，还可将主茎剪去一半，上面部分晾7-10天，待伤口干燥后，植于粗沙或赤玉土等介质中发根，留下部分会长出很多小芽，长到一定大小时掰下上盆栽种。如能采到种子，还可播种繁殖。

泷之白丝特色：泷之白丝形态别致以叶片排列紧凑，叶面白色线条显着而浓，叶缘白色纤维长而密者为佳，尤其从上往

龙舌兰属

下看，很像俏美的几何图案，特别漂亮。可作中、小型盆栽，陈设于阳台、客厅、窗台等处，清新雅致，很有特色。泷之白丝锦叶色斑斓，富于变化，是多肉植物中的名优品种，爱好者可作为品种收集、栽培。

　　姬形泷之白丝，也称矮性泷之白丝，为泷之白丝的小型园艺种，其植株较小，叶片短而宽，叶缘白色角质层更多更浓更显眼。

　　泷之白丝锦，为泷之白丝的斑锦变异品种，叶面有白色或黄色斑纹，斑纹在叶片中央的称"中斑泷之白丝"，在叶缘的称"覆轮泷之白丝"，斑纹呈不规则的称"缟斑泷之白丝"或"散斑泷之白丝"。

• 天使之泪

　　天使之泪，因叶面上的白色疣突如同流动的泪珠而得名，为百合科、十二卷属（也称十二卷属）、大型硬叶亚属多肉植物。本种为园艺种，由美国园艺工作者 S.A.Hammer 育成，原产于南非的瑞鹤是其最原始的亲本。植株无茎，成型的植株有 7~8 片肉质叶，叶厚实，呈三角锥形，螺旋状排列成莲座形，深绿色，叶表有大而凸起的白色瓷质疣突，叶背的疣突较叶面多，有点状、纵条状等形状，有些植株老叶的疣突则呈半透明的绿色，看上去不如新叶那么鲜亮。花梗粗壮，有分枝，小花灰白色带绿条纹。

大型硬叶亚属多肉植物

天使之泪喜温暖、干燥与阳光充足的环境，怕烈日暴晒，怕积水，耐干旱。主要生长期在春、秋季，要求有充足的阳光，如果光照不足，会造成植株徒长，株型松散。浇水掌握"不干不浇，浇则浇透"，避免盆土积水，以免造成烂根。如空气干燥，可向植株喷雾，增加空气湿度，可有效防止叶尖干枯。因天使之泪生长缓慢，不必施肥，可将颗粒状缓释肥料放在土壤表面，供植株慢慢吸收。夏季高温时，植株生长基本停止，可放在通风良好又无直射阳光处养护，否则强烈的直射阳光会灼伤叶面，造成难看的瘢痕，并避免雨淋，严格控制浇水，以防腐烂。冬季放在室内阳光充足处，如夜间最低温度不低于10℃，并有10℃左右的昼夜温差，可正常浇水，使植株继续生长，如果达不到这样的温度，控制浇水，使植株休眠，也能耐5℃–10℃低温。可在每年秋季进行换土，并剪除腐烂的老根，保留健壮的新根。盆土要求疏松、透气，排水良好，并具较粗的颗粒度。目前常用赤玉土加腐殖土或腐叶土、草炭土混匀后栽培，并加入少量骨粉等石灰质材料以及杀虫、灭菌药物。

繁殖天使之泪，可在生长季节掰取基部萌发的芽，晾几天待伤口干燥后，扦插在赤玉土中。要注意的是，天使之泪自然出芽率极低，可在生长季节将健壮植株"砍头"。方法是用锋利的刀将植株上部切去，约保留基部3片叶子，伤口处涂抹多菌灵或硫磺粉，以防腐烂，上半部晾一周许，待伤口干燥后扦插，下部则留在原盆中，又会长出一些幼芽，等其稍大些后割取用于扦插。也有爱好者用完整、充实的叶片进行扦插繁殖，但成功率不高。还可通过人工授粉的方法获取种子，种子成熟后随采随播，但播种苗变异性较大，应注意从中选出品质优良的小苗。

天使之泪还可与同为十二卷属、大型硬叶亚属的瑞鹤以及"恐龙"、"泪珠"等品种进行杂交，像"流星雨"以及其他在爱好者中流传的"天使之泪交配"等就是其中的一部分。这类植物虽株型近似，但叶形与疣突有一定的差异，以叶片短、

十二卷属

宽、厚，疣突密集而凸起，色白，呈纵条状者为上品。

天使之泪是近年新引进的高档多肉植物品种之一。其株型美观，叶面上的白色疣突温润如玉，与绿色基底形成强烈对比，用古朴的紫砂盆栽种，高贵典雅，如同有生命的工艺品，是深受多肉植物爱好者欢迎的名优品种。

图书在版编目（CIP）数据

生活中的小情调——多肉植物／魏星编著 . ——长春：
北方妇女儿童出版社，2016.2（2021.3重印）

（科学奥妙无穷）

ISBN 978 - 7 - 5385 - 9725 - 7

Ⅰ.①生… Ⅱ.①魏… Ⅲ.①多浆植物 - 青少年读物
Ⅳ.①S682. 33 - 49

中国版本图书馆 CIP 数据核字（2016）第 007836 号

生活中的小情调——多肉植物
SHENGHUOZHONGDEXIAOQINGDIAO——DUOROUZHIWU

出 版 人	刘 刚	
责任编辑	王天明　鲁　娜	
开　　本	700mm×1000mm　1/16	
印　　张	8	
字　　数	160 千字	
版　　次	2016 年 4 月第 1 版	
印　　次	2021 年 3 月第 3 次印刷	
印　　刷	汇昌印刷（天津）有限公司	
出　　版	北方妇女儿童出版社	
发　　行	北方妇女儿童出版社	
地　　址	长春市人民大街 5788 号	
电　　话	总编办：0431 - 81629600	

定　　价：29. 80 元